名誉唎酒師のばかやろう！

まるお

三恵社

名誉唎酒師まるおについて

sake0.詳しすぎる履歴書

昭和三十九年、東京オリンピックと新幹線開通の年に寿司屋の長男として生まれる。十二月二十五日生まれで、「この師走の忙しいときに！」と生まれた瞬間に叱られる。そのため母は産後すぐに仕事を強いられる。

幼稚園の年長時、突如両足の膝関節が痛くなり歩けなくなる。小児リュウマチと診断され、処方された飲み薬により超痩せていたのが超おデブさんになり、長期欠席していた幼稚園に復帰したときは、すべての友達から「誰あんた？」と言われる。

英会話の塾に通うも毎回寝ているので強制的に辞めさせられる。

小学校入学時にはすぐにやせ細り、デブの同級生に散々いじめられる。書道塾、そろばん塾に通うもすべて最低の級で終わる。

三年生から家庭教師をつけさせられる。友達の影響で二年間だけ鉄ちゃんになる。

六年生の時に同級生の女子にハミキン（はみ出し金玉）を見られ、奴隷となる。忘れ物ナンバーワンの称号をいただく。

中学生になった最初のテストで、下から三番目の成績をとる。卓球部に入るも練習が辛くて一ヶ月で辞める。エレクトーンを習うも二ヶ月で辞める。いつも一緒に遊んでくれる二人の友人ができる（後に一人が東大、一人が京大に現役合格）。再び忘れ物ナンバーワンの称号をいただく。いろんな先生から職員室でつねられたり、足を踏まれたり、嫌味を言われたりする。伏せたブリキのバケツに正座させられる。

三年生となり、この頃プロレスにはまり込み猪木信者となる。花粉症が最悪と化し女の子に嫌われる。同級生に嫌われて本気で殴られる。デブの同級生のアトミックドロップでその後十年間尾てい骨を患う。

昭和五十四年、愛知高校に入学し、先生の指名でいきなり級長になる。二年生の時、遠足の御在所岳で友人と共に遭難し大騒動となる。プロレスの技に磨きがかかる。ＵＦＯに拐われる。三年時、成績優秀により特別クラスに入る。文化祭の行事でプロレスのリングをつくり、本気で同級生を亡き者にしようとする。学年五位の成績を取る。なのに、河合塾偏差値四〇台をキープする。

当然浪人する。シティーボーイを目指し立教、青山学院、成蹊などを受験するも全敗する。河合塾に入り猛勉強する。偏差値がすべて六〇以上になり、国語は一時期七〇に達する。

昭和五十八年、めでたく明治大学商学部に入学する。後に朋輩となるS君に出会い、大学の友達が合計三人となる。二年生になる前に名古屋で彼女ができる。フランス料理研究家になる。四年生の時、築地魚河岸のアルバイトをする。卒業旅行でS君とヨーロッパに一ヶ月旅行する。三年間つき合った名古屋の彼女にフラれ、アルコール中毒になる。

昭和六十三年、㈱東急ホテルチェーンに入社し、銀座東急ホテルに勤務する。会社の健康診断と消防救急研修で、失恋から来る極度の栄養失調が原因により二度意識を失う。宴会サービスに所属し、婚礼サービスやビアガーデンを九ヶ月経験後、宴会オフィスに配属される。宴会オフィスでは婚礼受注率やセールスコンテストでナンバーワンになり会社に貢献するも、上司に不正行為を疑われる。なんと若干のモテ期が到来する。東京で彼女ができる(今の妻)。

平成三年、家業の寿司屋が別館をオープンさせるため、泣く泣く名古屋に強制送還させられる。開業準備の最中に疲労から幽体離脱する。その旨を母親に告げると何故かこっぴどく怒られる。

平成七年、結婚する。星野仙一先輩が披露宴に出席してくれ、肩を組んで一緒に校歌を歌う。

平成九年、唎酒師を取得。その後、名古屋女子文化短期大学（現・名古屋文化短期大学）に二年、愛知大学で十五年間非常勤講師として日本酒講座などを担当する。怠惰な生活を改める。

平成十四年、なぜか共同出資の会社の社長をやることになり、ワインバー、シャンパンバー、日本酒バー、ワイングッズ通販などを経営することになる。その後、ウハウハの時期もあったが、たくさんの人から騙されたり裏切られ、挙句の果てに共同経営者から多額の借金をひとり背負わされることになり、十年後に満身創痍で廃業する。

平成二十年、会社の複合機のリースのため、母親から会社の実印を借りようとするも、サラ金から借金するためではないかと疑われてひどくしょげる。

平成二十五年、名誉唎酒師の称号を受賞。現在国内外三十五名くらい。

平成二十九年三月、家業の廃業により完全にプー太郎となる。

さて、そんな具合で、まるおのお話、行ってみましょうか……

名誉唎酒師まるおについて

アペリティフはいかがですか？

シャンパーニュ

シェリー

お食事に合うお酒をどうぞ

ビール

日本酒

ワイン

あとがき

アペリティフはいかがですか？

シャンパーニュ

sake1.食前酒の選び方

食前酒とはフランス語で aperitif（アペリティフ）といって、『食欲をそそる』という形容詞である。元々は『開く』を意味するラテン語 Apertivus が語源であるが、偶然なのかどうなのか中国語は食前酒の事を開胃酒（カイウェイチョウ）という。文字通り胃を開く酒という意味で、食前酒は適度なアルコールが胃酸の分泌を促進し、消化を助け食欲を増進させる役割があるのだ。

食前酒は、食事前のスターターの役割をするわけだから、どんな酒でも良いという訳ではない。空腹の状態でアルコール度数の強い酒を飲むと胃の粘膜を傷つける可能性があるので、食前酒のアルコール度数は強すぎないほうが良い。それでも欧米人はマティーニとかを平気で呑んだりするけど……。また、甘すぎない事も重要である。食事前に甘いモノを飲むと、対比効果により次に飲む食中酒（ワインや日本酒）の味に影響するし、料理自体の味を損ねてしまう結果と成り得る。フランス料理の前菜でフォワグラのテリーヌ等が出てきた時、ソムリエはフォワグラと相性が良いとされるソーテルヌ（※1）などの極甘口ワインを敢えて勧めないのは、その後のワインや料理の味を損ねないためである。また、程よく酸味のある酒も食前酒に向いている。酸味は口中をさっぱりさせるし、唾液を分泌させて食欲を増進させる作用があるからだ。他にアニス系のような苦味があるリキュールなども消化剤のような役割をするので効果的である。シャンパンやビールなどの炭酸系は、腹がふくれるなどと賛否両論はあるが、炭酸は胃を刺激して活動を活発にするし、特にビールは、飲むと体内でガストリンという物質を分泌し、胃酸の分泌を促進する作用がある。

一九八〇年代、日本ではヌーヴェル・キュイジーヌ（新しいフランス料理）がブームとなり、高級フランス料理店が軒並みオープンした。私も、山本益博氏と見田盛夫氏の共著『グルマン』を片手に東京中のレストランを軒並み歩いたものだ（ただ歩いて玄関にあるメニュー眺めただけ）。当時の食前酒は何と言ってもクレーム・ド・カシス（※2）をアリゴテ種（※3）の白ワインで割ったキールや、白ワインの代わりにシャンパーニュを用いたキール・ロワイヤルというカクテルが流行っていた。通ぶった者の中には「キールのクレーム・ド・カシス抜きで！（要するに白ワインのこと）」などと恥ずかしげもなく注文してソムリエの顰蹙を買う間抜けがいた。わ、わ、私のことではないぞ！

キールは、フランス・ブルゴーニュ地方の玄関口であるディジョン市の市長であったフェリックス・キール（Felix Kir）さんが、ワインとカシスの市場拡大のため開発したらしい。私がディジョンのレストランで飲んだキールは日本の倍くらいカシスが多く入っていて、当然色も真っ赤で至極甘かった。こんな甘い食前酒を飲んだら後の料理が食べられないじゃないかと思ったら、次に出てきたブフ・ブルギニヨン（牛肉の赤ワイン煮）がまた大量で、早々にギブアップした覚えがある。

最近は、食前酒といえば殆どがシャンパーニュをソムリエから勧められる。もうキールを勧めるソムリエも、注文する客も少ない。シャンパーニュは、辛口でスッキリとして程よい酸味があり炭酸もあるので、とても食前酒に向いている。但し、シャンパーニュを注文する時は注意が必要である。発泡性ワインの事をすべてシャンパンまたはシャンペンと呼ぶ人がいるが、シャンパンはシャンパーニュ地方で造られたもののみをシャンパンと呼ぶという法律があり、総じて他の発泡性ワインより高価なものが多い。発泡性ワインの総称はスパークリングワインであり、その中にシャンパンやクレマン（フランス）、カヴァ（スペイン）、スプマンテ（イタリア）、ゼクト（ドイツ）などが含まれるのだ。ただ単に「シャンパン（シャンペン）ちょうだい！」とだけ言って注文すると、ソムリエにしてみれば『この客は比較的高額となる本物のシャンパンが飲みたいのか、または比較的安い発泡性ワインが飲みたいのか一体どっちだ？』と判断に迷い、客の身なりを上から下まで舐めるように見てしまうのである。なので、注文するときには、シャンパンではなく『シャンパーニュ』と言えば、ソムリエは迷わずにシャンパーニュ地方で造られたシャンパンを持って来てくれる。そうでない場合は『スパークリング』と注文する。ソムリエと旧知ならば、私はただ単に『安い泡』とだけ言う。

ただ、シャンパンはフランス産なので、他国の料理店などではリストにない場合があるから気を付けたほうが良い。特にイタリア料理店でフランスワインの話をすると、店員（店主）が興ざめする場合があるからご法度である。大抵のイタリア料理店はイタリアを異常なほどこよなく愛しているので、フランスワインの話はしないほうが良い。さらに、店員が超がつく程のイタリアワイン通ならば、サシカイア、オルネライア、ソライアなどのスーパートスカーナを絶賛したりすると、「イタリアワインをカベルネ（※４）で褒められても困る」と眉をひそめる人がいるからこれまた難儀である。

さて日本では食前酒をどうするかといえば、実のところ元々日本は古来より食前酒という概念がない。お殿様の正式な饗宴である本膳料理において、食前に儀式として三三九度のようなものがあっただけである。現代では会席の初めに梅酒のようなものが出てくることが多い。甘過ぎたり、アルコールが強すぎたりするものがあり、食前酒に向いているとは言えない。私が会席で食前酒を選ぶとすれば、すっきりとしたフルーティーな大吟醸などを呑むだろう。

※１　フランスボルドーの極甘口白ワイン
※２　カシスのリキュール

※３　白葡萄品種の名前で、主にフランスのブルゴーニュで栽培される

※４　カベルネ・ソーヴィニヨンという黒葡萄。主にフランスのボルドー地方で栽培される

sake2.川島なお美とシャンパーニュ

二〇一五年、女優の川島なお美さんがお亡くなりになられた。ワインがお好きな方だったが、最後にマスコミの前に出られたのがシャンパーニュメーカーの発表会だったそうで、闘病をおしての参加に、とりわけシャンパーニュには熱い思いがお有りだったことがわかる。

実は、私は川島なお美さんをデビューの頃から知っていて、何を隠そう中学生時代、追っかけモドキをしていたのである。今池のユニー（現ピアゴ）の屋上や藤が丘の清水屋で握手会があると飛んでいく。デビュー曲の『シャンペンNo.5』を生で聞いて、シングルレコードを買うと握手をしてくれるのである。当時、川島なお美さんにはちゃんとした親衛隊がいて、歌の途中で「ビューティーなおみぃ〜！」など

と物凄い大声で叫ぶのだが、さすがに私にはそこまでは無理で、単なるモドキとして静かにしていた。そもそも私は、当時川島なお美さんが鶴光のオールナイトニッポンでアシスタントをしていたので、オールナイトニッポンずきの友達に引きずられて見に行っていただけだったのだ。でも、川島なお美さんの手は強く握れば折れそうなくらい細く繊細で柔らかで、そして笑顔がどこまでもキュートで可愛らしく優しそうだったことだけは、まるお少年の記憶から今も離れない。

というわけで、一時期私はこのデビュー曲『シャンペンNo.5』のレコードを七枚も持っていたのである。なので、今でも前奏からフルコーラスを歌える。いつか川島なお美さんと出会ったらこのデビュー曲『シャンペンNo.5』を目の前で前奏から熱唱したいと思っていたが、とうとう叶わなかった。残念である。（いや、むしろ叶っていたら、間違いなく嫌われていたであろう）

私がシャンパーニュというものを初めて旨いと思ったのは、大学生の時、母親にねだって連れて行ってもらった銀座のペリニヨンで飲んだ『アンリオ』であった。安いスパークリングとは違い、液体に泡が溶け込み、一筋立ち上る泡の繊細さに、私はこのシャンパーニュに何か儚い郷愁のようなものを感じた。

ここ数年、東京に行くと定宿にしているホテルがある。雷門の前にあって、浅草観光にはすこぶる立地条件がよい。それだけでなく、ベッドはスランバーランド社製で、恐ろしく寝心地がよく快適な睡眠が得られ、朝食は卵ズキの私にはたまらないメチャ旨いエッグベネディクトがあり、オレンジジュースは綺麗なお姉さんが丁寧に生搾りしてくれるという、頬を何度も往復ビンタされるような朝を迎えるのである。

しかしながら、このホテルの一番気に入っているところは、二十四時間バー(宿泊者のみ)があることと、それとは別に宿泊者には専用のプライベートバーが用意されていることなのだ。プライベートバーはホテルの最上階にある。カウンターに座ると、正面が一面ガラスになっていて、東京の夜景と共に大きくスカイツリーが見える。

私は、ソムリエさんにマム(※1)を注文し、ライティングされたスカイツリーをただじっと眺める。もうそれだけで、今夜は充分な気になってしまう。シャンパーニュには都会の夜景がよく溶けこむのだ。(もう私ったらカッコぶぅー!)

私と同郷の名古屋から出てきて東京で活躍された川島なお美さんも、きっとこうして何度も何度も東京の夜景を見ながらシャンパーニュを飲んだことだろう。そして私と同じように、きっとこう呟いたであろう……

「あぁ～もう、絶対名古屋なんか、がえりだくねぇがや～！」とね。

ご冥福をお祈り申しあげます。

※１　シャンパーニュの銘柄

sake3.新しい鉄道ファン？

昨今『鉄オタ』とかいう過剰な鉄道ファンが世間を騒がせているようだが、実は私も小学校三年から四年のたった二年間だけだが、鉄道ファンの時代があった。レールの結合やポイントにこだわったり、中央線の駅名は全部そらで言えたり……。といっても、本当の鉄道ファンは私ではなく私の友達のほうで、私は彼の話をフンフンと聞いたり、時には彼に付き合って、名鉄・近鉄・国鉄などに乗って小旅行に行ったりと、まあ正直言ってあまり乗り気じゃない『乗り鉄』だったわけである。

なにやら鉄道ファンにもジャンルがあるそうで、乗るのが専門の『乗り鉄』や、写真を撮るのが専門の『撮り鉄』。はたまた『葬式鉄』などという廃車・廃線ズキのファンもいるとか。そんな中、私は自分自身が、最近新しいジャンルの鉄っちゃんであることに気づいてしまったのである……それは、名付けて『呑み鉄』。
呑み鉄とは、『駅のホームや遠方に行く列車の車内などでお酒を呑む鉄道ファンのことで、鉄道のことは一切知らないが、鉄道イコール酒としか思えない単なる酒呑みのこと』である。（誰かウィキペディアに加えて！詳しい人）
お盆休みに奥飛騨へひとり旅をした時のことである。名古屋発のワイドビューひだの車内に乗り込むと、なんと満席状態。しかも私以外が全員白人という完全アウエー状態。一瞬たじろいだが、落ち着きを装い静かに席につく。私は高島屋で買ってきたシャンパーニュを、列車が動き出すやいなや天使のため息と共に静かに開け、カップに注いだ。すると、通路を挟んだ隣席の外国のご婦人が少し大きな声で「オー、シャンパーニュ！」というので、さすがに無視もできず「イエース、シャンパーニュ！」とニコリとはしてやったものの、『あなたも呑みますか？』というほどの量もなきゃ英語力もないので、しらんぷりしていた（けち！）。まあ、なんだな、アウエーなのに完全勝利を果たしたファンタジスタなオレ！的な気分であった。

呑み鉄にはもうひとつ駅のホームで呑むというのがある。名古屋駅なんかほぼすべてのホームにきしめん屋さんがあり、酒が呑めるのだ。つまみも豊富にある。私はよく千種駅のホームで飲むのだが、ここでは『天つま』といって、『かき揚げきしめんのきしめん抜き（東京で言う蕎麦屋の『抜き』のこと）』をアテに冷や酒を呑む。呑み鉄の中には、この『天つま』に生卵を入れてもらう通人もいらっしゃるらしい。私は小心者なのでそんな注文はできんが……。

朝のラッシュ時なんかにサラリーマンが急いできしめんを啜る中、ゆっくりと酒を呑むのは背徳感が強くてゾクゾクする。『あぁ～バチが当たる、バチが当たる』と、なぎらっち（昼酒の神様なぎら健壱さん）のように唱えながらやるのが最高なのである。

シェリー

sake4.シェリーは愛の酒

『バベットの晩餐会（一九八七年）』という映画をご存知であろうか。

十九世紀後半、デンマークの小さな村に牧師とその娘である若くて美しい姉妹がいた。数々の男達が姉妹に恋をしたが、敬虔な牧師の父親が悉く断っていた。三十五年の年月が経ち、既に父親も亡くなって、姉妹も老いて疲れ切っていたある日、フランスの政争から逃げてきたバベットという名の一人の女性がパリからやってくる。彼女は無給でいいから教会に置いて欲しいと姉妹に懇願する。それから更に十四年が経ち、村人ともすっかり打ち解けていたバベットは、高齢化した村人たちが些細な事で諍い合うのに心を痛めていた。そこで、彼女は亡くなった牧師の生誕百年の祝に晩餐会を開こうと決意する。

実はバベットはパリの超高級レストラン『カフェ・アングレ』の凄腕シェフであり、『食事を恋愛に変えることのできる女性シェフ』と言われていた。カフェ・アングレとは、実在したレストラン（1802-1913）で、一八六七年のパリ万博を訪れたロシア皇帝と皇太子、プロシア国王の歴史的な三皇帝の晩餐の舞台となった名店であり、なんと現在の『トゥールダルジャン』のことである。当時、貴族の館であったトゥールダルジャンと最先端のレストランであるカフェ・アングレの、令嬢と子息の結婚によって二つの店が一つになったのである。

バベットは、最高の料理と酒で饗すことにより、村人達に幸せを感じてもらおうと考えた。折しも彼女には一万フランの宝くじが当選したばかりであり、その全額を注ぎ込んでカフェ・アングレと同じ料理で晩餐会を開くのであった。この映画は、一九八七年度アカデミー賞最優秀外国語映画賞を受賞している。

〈MENU〉
海亀のスープ／シェリー・アモンティリャード

現在は規制により海亀のスープを飲む機会は少なくなっているが、嘗て私が働いていた銀座東急ホテルの婚礼メニューに『海亀のコンソメスープ・シェリー酒風味』というものがあった。海亀のスープとシェリーの相性は大変素晴らしいものである。

ブリニのデミドフ風／ヴーヴ・クリコ一八六〇年

ブリニ（パンケーキ）にキャビアとサワークリームをたっぷり載せた料理。デミドフとはロシア人の富豪の名らしい。キャビアだけではシャンパーニュと合いにくいところを、サワークリームを使うことで生臭さを消し、絶妙なマリアージュを作り上げていることに感心する。ヴーヴ・クリコは既にイエローラベルだったんだ！

カイユ・アン・サルコファージュ／クロ・ヴージョ一八四五年

カイユ（ウズラ）を開いてフォワグラとトリュフを詰め、パイケースの中に入れてロティしてサルコファージュ（石棺）に見立てる。ソースは、刻んだトリュフとマディラ酒、牛頭を煮込んだソースを加えたものをかける。将軍がウズラの頭を噛じってチューチュー吸うのが本当に旨そうで、『将軍、食い方知っとるなあ！』と感心してしまった。赤ワインのクロ・ヴージョはブルゴーニュの特級畑であり現在も高級ワインである。

季節の野菜サラダ、チーズの盛合せ

チーズは、カンタル、フルムダンベール、ブルー・ド・オーベルニュと何故かすべてオーベルニュ地方のものである。

クグロフ型サヴァラン・ラム酒風味

サヴァランというのは美食家で有名なブリヤ・サヴァランから由来している。クグロフ型は、斜めにうねりのある蛇の目型の焼き菓子の型のことである。ラム酒を入れる手法は十九世紀中頃にオーギュスト・ジュリアンという人が作り出したらしい。

フルーツの盛り合わせ／コーヒー／コニャック・フィーヌ・シャンパーニュ

シャンパーニュと名はつくが、シャンパンのことではない。コニャック地方にはグラン・シャンパーニュとプティット・シャンパーニュという地区があり、フィーヌ・シャンパーニュは厳しい規定の下、両方の地区を混ぜたものである。

私はこのバベットの晩餐会で初めてシェリーのアモンティリャードを知った。恥ずかしながらそれまで、シェリーは『ティオペペ』のフィノしか知らなかったのだ。シェリーは熟成年数や熟成方法等によって様々な種類があり、フィノのほか、マンサニージャ、アモンティリャード、オロロソなどがあり、風味も味もバラエティに富む。

シェリーは男女の愛と関係があり、注文する時には深い意味を含んでいるから注意が必要である。まず、女性が自らシェリーを注文すると、『今夜は貴男と寝てもいいわよ～?』という意味になる。『寝る』といってもただ寝るだけではない。子供じゃないから分かるね。逆に、男性がシェリーを注文すると、『今夜は君と、う～ん寝てみたい!(ここで三船敏郎を思い出した人は五十歳以上)』という意味になる。で、女性がそのシェリーを飲んだが最後、『今夜は私をめちゃくちゃにして～ん?あは～ん?』という意味になってしまうので注意が必要なのである。

私は昔、この意味を知らずに女の子の前でシェリーを注文したことがある。

彼女「(妙にニヤニヤしながら)へぇ～シェリー注文するのぉ、へぇ～」

まるお「君も飲む？」
彼女「そういうんじゃないから」
まるお「は？」

お食事に合うお酒をどうぞ

ビール

sake5.名古屋は地下街で呑む

大学入学のために上京した当時は、名古屋と違う食文化のため、様々な戸惑いがあった。『赤味噌売ってないがや！』『青いネギ売ってないがや！』『コーミソース売ってないがや！』の『ないがや地獄』であったのである。

また、東京モンに必ず言われる言葉がある。

東京モン「名古屋人は、なんでも味噌をかけるんだよね」

まるお「うん、とりあえず味噌はかけとるけど、その名古屋人という呼び方やめてちょ！」

東京モン「冷やし中華にマヨネーズかけるんだって？気持ち悪い！」

まるお「東京だってサラダうどんにマヨネーズたっぷりかけとるがや！」
ちなみに私は、東京に行くまで、名古屋の人が冷やし中華にマヨネーズをかけると言うことを知らなかった。だって、うちではかけなかったんだもん。
東京モン「名古屋に行った時、地上に人がいないと思ったら、地下に沢山いたよ。モグラみたいだね」
まるお「仕方ないがや、夏はでら暑いし、冬はクソ寒いんだで！モグラにでもなりたなるわ」
東京モン「名古屋人って、どうしていつも怒ってるような口調なの？」
まるお「お前が怒らせとるんだがや！それから、名古屋人言うなて！」
　まあ、こんな会話をいつも否応なくさせられていたのである。
　名古屋の地下街は全国でも比較的早い時期から発達していた。一年中快適な温度の中でショッピングや飲食が楽しめるという空間は、酷暑極寒の名古屋においては昔から大変重宝するものであったという事は間違いない。また、名古屋には『１００メートル道路』なるものがあり、信号を一度で歩いて渡り切ることは成人男子でも困難で、特にお年寄りなどには大変危険なものとなっている。地下街は信号交差点を渡らずに移動できるという点で、非常に大きなメリットとなっているのである。

現在名古屋の地下街は、ほとんどが栄駅と名古屋駅周辺か伏見駅に集中している。様々な店舗があるが、私は呑み屋しか利用しないので、他にどんな店があるのか知る由もない。まあお察しの通り、例えば栄地下街ならば、朝七時からやっている居酒屋で朝酒をする。牛スジどて煮をあてにトリスのハイボールでチマチマ呑み、隣のオッサン達のくだらない会話をＢＧＭにしながら、ぽけたんとした時間を過ごす。

昼頃になるとランチ目当ての客で混んでくるので、とりあえず地下鉄に乗って名古屋駅に向かう。フラフラと人混みを下手くそに避けながら、コンコースを端から端まで歩き、新幹線口を出てエスカレーターを地下に降りる。ここは『新幹線地下街エスカ（通称エスカ）』と言い、新幹線に乗る旅行者がお土産を買ったり食事をしたりするために作られた地下街である。東京で言えば八重洲地下街のような立地環境にあるが、広さは八重洲のほうが三倍近く大きい。

で、私はこのエスカでも当然ながら呑むのである。まずは、鮪屋でまぐろ刺盛りと菊正宗の樽酒を呑む。ここは、「冷酒ちょうだい」というと、この菊正宗の樽酒となる。ほかのお酒もあるけど、とりあえずいつもこれを呑んでしまう。もう一本違う酒を飲んだら、鮪屋から歩いて二十歩くらいのところにある串かつ屋へ。これだけ近すぎるハシゴもなかなか無いだろう。コの字のカウンターの空いてる席に勝手に座り、生ビールと串かつ（盛り合せ六本）を注文する。この盛り合せは、『串かつ界のインディアン小屋』と言っても過言ではない、一瞬うおっ！となるゴージャスな盛り付けだ（チョモランマとかの方が良かったかな?）。早速一本取り、特製の味噌だれにつけて、熱っついのをハフハフと口の中に放り込む。で、生ビールでガーッと消火活動をすると、あら不思議♪酔いが醒めてくるじゃ、あ～りませんか！

（浜裕二ね。あ、チャーリー浜か……）

串かつ屋に行かない時は、『海老どて』の店に行く。ここも歩いて数十歩のところである。迷わず海老どてを注文すると、テーブルにＩＨコンロを設置してくれて、浅い鍋に赤味噌が温められる。その後、おねえさんが溶き卵を絶妙な具合に流し込んで、丁寧に混ぜ混ぜしてくれるのだ。串に刺さってカリッと揚げられたエビフリャーを、この溶き卵入りの赤味噌に、これでもかぁ～っと回しつけて食う。何回でも付けて食う。『二度付けでも三度付けでもしたるがや！ここは名古屋だで！』って感じでね。

東京モン「やっぱりなんでも赤味噌つけて食べてる！」

まるお「いやいや、あんた、この赤味噌とエビフリャーと生ビールとの相性やってみやぁ……」

もう〜、東京モンなんかに理解してもらわんでもええ。これは『名古屋人』の宝だわ！

sake6.トンカツの友人

私には無類のトンカツ好きの友人がいる。Ｓ君という。彼がどんなにトンカツが好きかというと、私の知る限り最低でも当時新宿にあったとんかつ屋はすべて制覇しているという輩である。Ｓ君とは大学一年生の時に知り合い、未だに仲良くさせてもらっているからもうすでに三十年以上の仲ということになる。私の数少ない友人の中でも、彼はひと際特別な友人なのである。なぜなら一ヶ月間も二人っきりでヨーロッパを卒業旅行したことがあるからで、その時に築かれた絆は誠に強固なものであり、我々はいわば朋輩なのである。

我々の旅行には担当があって、S君は観光大臣としてすべての行き先を決める（完全フリーなので明日どの国に行くかも決めていない）。一方、私は食糧大臣として、朝昼晩からおやつまで、一切の食事を司る。お互いの決定を尊重し、絶対に文句は言わない約束であった。私はフランス語のメニューが読めるので（当然英語も読める）、フランス語か英語のメニューさえあれば全く困らなかったし、各国各地域の名物料理は完璧に抑えていたので絶対にS君を満足させる自信があった。彼は私が注文する料理を文句も言わず素直に食べ、そして素直に感動するというとてもいい奴だった。

ウイーンに着いた時のことである。旅程半ばとなり、S君が洋食に少し飽きてきたのではないかと、私は内心心配していた。ドイツ語のメニューはまるで分からないが、便利なことに料理の名前さえ知っていればアルファベットで大体理解ができる。私はあるレストランに入り、彼にはどんな料理か教えずにウインナーシュニッツェルを注文した。ウインナーシュニッツェルとは、仔牛のカツレツのことである。

Ｓ君は、出てきた料理を見るやいなや、『こ、これはっ……』と、漫画美味しんぼの山岡のように呟き、『むむ、こやつ……』と私を海原雄山のように睨みつけるのであった。そして、一口食べると、「これは、まぎれもなくトンカツじゃないかっ」と言い、振り返りざまにウエイターに向かって「シェフを呼べ！」と、これまた海原雄山の如く叫ぶのであった。

当たり前だがそんな奇天烈なヤツのためにシェフが来るはずもなく、彼は仕方なくウエイターを捕まえて、英語で「ニッポーンにもこれと似た料理でトンカーツというのがありマース。懐かしいデース。涙トマリマセーン。サンキューベリマチョ！」などと、ポケターンとするウエイターの手を強く握るのであった。

そのＳ君とは数年に一度会うくらいであったが、なんと一年半前に静岡から私の住む名古屋へ赴任してきたのだ。彼が名古屋に来てから何度も一緒に飯を食ったが、なぜかトンカツを食べる機会には恵まれなかった。私が行く店の味噌カツを一度食べさせてやりたいと思っていたのだが、先月また静岡に転勤になってしまい、とうとう叶うことがなかった。とても残念な気持ちでいっぱいなので、『ここに連れて行ってあげたかったよ〜』という気持ちを込めて、この場で紹介するからＳ君には勘弁してもらいたい。

　錦三丁目のとあるビルの一階にノスタルジックな居酒屋がある。通りから小さな赤い提灯が見えるが、何回も行っている自分でさえ通りすぎてしまう小さなお店である。八十歳以上と思われる老夫婦が二人きりでやっている。昔だったらきっと大柄だったと思われる旦那さんは寡黙で、カウンターの向こうでただ黙々と料理を作り続けている。一方、ちっちゃくて可愛らしい奥さんは、店内のテレビにアイドルが映ると、キャッキャと嬉しそうな反応をしている……平和な店だ。ここのつまみは悉く美味しいが、私はいつも味噌カツと生ビールを注文する。ここの味噌カツはすごくデカイ！なんと二百グラムもあるのだ！分厚い肉なのに柔らかくジューシーで、もちろん衣はカリッとしている。そして、カツの上には、温かく艶やかで、丁度良いとろみ具合の赤味噌が、これまた丁度良い量で掛かっているのだ。この、カリッ、ジュワーッ、とろりが生ビールと合わないわけがなかろう。

　ここの味噌カツを転勤前に食べさせてあげたかった。きっと彼は八十歳の大将の手を握り、「シェフのトンカツは素晴らしいデース」と涙をこぼしたことだろう。

sake7.クリスマスなんか知らん！

もうすぐクリスマス……。私は長らく飲食業に携わってきたが、かつてはどこも、二十四日のクリスマスイヴと二十五日のクリスマスは、女子大学生のアルバイトの確保が難しかった。彼氏とデートする者や、独りぼっちで家にいるくせに見栄を張って出勤しない者、女子同士で『クリスマスの傷を舐め合う会』に参加する者などで休み希望が多くなるからだ。そもそもクリスマスは、イエス・キリストの誕生を祝う日であり、欧米では家族と共に過ごすのが本来である。決して男女が旨いもの食ったあと、ホテルでエッチする日ではない！と、女子学生に口が酸っぱくなるほど言っていたのだが、聞く耳は持っていない。仕方ないから、彼女たちの生まれ年のワインを調達して、出勤したらプレゼントすると言って餌にしたりしていた。少し前までは二十数年古酒くらいであれば、イタリアでもスペインでも安いのがたくさんあったが、最近は全体的にワインが高いからそうはいかなくなってしまった。

しかし、昨今女子大生の様子が少々変わったようで、特段用事のない者は平気でアルバイトにやってくる。クリスマス自体に魅力が無くなってきたのか、それともクリスマスに拘らない柔軟性のある女子が増えたのか、それとも男に相手にされないロンリーなバイトが増えたのか……

私の独身時代といえば、クリスマス期間は常に仕事をしていた記憶しかない。決して彼女がいなかったんじゃない！学生の頃は、アルバイトが少ないと聞くや率先して出勤したり、ホテルに就職してからは、ディナーショーの仕事で忙しかったりして、クリスマス期間に女性と悠長に食事に行くなどという暇がなかった。それに、この期間は大抵どのレストランもクリスマスディナーという特別コースしかやっておらず、混んでるし、料理は選べないし、不味いし、高いしという印象があって、元々行く気がさらさら無かった。

それでも、彼女にしてみれば、一緒にクリスマスを過ごしたかったのでは？と思われるかもしれないが、実を言うと、私はクリスマスというものを生まれてから現在に至るまで、未だ嘗て一度もお祝いをしたことがないのである。当然、彼女にクリスマスディナーを奢ったことは一度たりともない。別に危ない新興宗教とかに入信しているとか、変な拘りがあるというわけではないのだ。

その理由は至極簡単で、十二月二十五日が私の誕生日だからなのである。人からは『キリストと同じですね！』とよく言われるので、いつも『イエース』と返している（ここ笑いどころね）。当時の彼女（達）はクリスマスディナーを避けて、いつも私に豪華な食事を御馳走してくれて、しかもプレゼントまでくれて、おまけにチューもしてくれて、そして挙句の果てに……。そんな恋人がサンタクロースの、近そうで真逆ともいうべき『恋人がキリストぉ〜♪』という特典も、大人になって彼女が出来てからのことであって、小さい頃は本当に悲惨な状況だった。

まず、誕生日プレゼントとクリスマスプレゼントは当然同じで、一個である。友人からはこの時期、必ず哀悼の意を表せられる。また、終業式で通知票（成績表）をもらった二、三日後だから、プレゼントの質にも大きく影響するし、大体はネチネチとお小言付きでの贈呈となる。誕生日ケーキは時折誰かがくれた可愛いサンタさんがのったクリスマスケーキで代用されるが、親の仕事柄、皆がクリスマスケーキをくれるので、三日三晩、明けても暮れてもケーキを食い続けることになる。実は私は子供の頃はケーキが好きではなかった。普段はケーキも甘いお菓子も一切食べない子供だったから、この時期は消費の使命にかられて仕方なく食うものの、使われ過ぎた表現だが『クリスマスはクルシミマス』以外の何物でもなかった。

欧米とは違い、現在の日本では何故かクリスマスに鶏を食う風習が広まっている。元々、日本人が鶏を食べるようになったのは江戸時代の中期以降らしく、それまでは鶏は『時を告げる大切な生き物』として食べることを禁じられていた。それなのに、現代日本人ときたら、クリスマスには至る所で鶏の丸焼きを売りさばき、ケンタッキーフライドチキンには長蛇の行列ができるとか……。鶏にとっては至極災難な時代となったものである。

クリスマスとは関係なく世界中で鶏は食べられており、その食べ方は諸国色々ある。中でもシンガポール料理の『海南鶏飯（ハイナンジーファン）』は、鶏の食べ方としては群を抜いて美味いと思う。海南鶏飯とは、茹でた鶏とその茹で汁で炊いた米を盛った料理で、タイなら『カオマンガイ』という名前になり、東南アジアではよく食べられている料理である。日本では単に『チキンライス』と呼ばれることもある。

名古屋市東区にシンガポール料理の名店『ラオパサ』というお店があって、ここの海南鶏飯は絶品である。この店はいつも満席なので、きっとクリスマスは超絶に混むだろうから、私のような普段ビールやワインばかり飲んでダラダラしている酔客は邪魔でしかないので、そんな時期にハナから行く気はないが、クリスマスにどうしても鶏を食べたい人がいるならば、ケンタッキーもいいが、是非この店で海南鶏飯を食べながらタイガービールなんかどうかな。

sake8.初めての立ち呑み

当時、大学四年生も七月となれば就職活動全盛期である。なのに私は何の活動もせずに、夜十二時から朝八時まで、築地市場で練り物屋のアルバイトに勤しんでいた。『どこかの街場のレストランのウエイターでもすればいいや……』ぐらいの軽い気持ちでいたのだが、友人達はどんどん就職活動を進めているし、話題も就職一色となってきて、さすがの私も取り残された感に襲われ、些かの不安を感じるようになった。仕方がないので、とりあえず飲食サービスの総本山ともいうべきホテルでも受けたろかと、就職活動をすることにした。

元より、大した真剣さもなく始めた就職活動だったので、面接では相当調子こいたテキトーなことばかり言っていた。あるホテルの面接では「君が社長になったらまず何をしたいか？」という質問に、「外壁が汚いので塗り直します！」と言ってみたり（凄いことにこのホテルは次の週に外壁を塗り直していた。余程悔しかったのであろう……）。またあるホテルでは「君、成績悪いねぇ～」という無慈悲な言葉に対し、「それは、これから伸びる可能性があるということです！」と答えると、「う～ん、明治大学らしい考えだ！」と大笑いされた。

で、運良くその大笑いされた株式会社東急ホテルチェーンに合格し、銀座東急ホテルに配属となる。入社後、「まるお君はホテルで何をやりたいのかなぁ～？社長だっけ？」という総務部長のふざけた質問に、「私はホテルの三冠王になります！（キッパリ）」と相変わらずの脳天気ぶりであったが、結局、銀座に配属された大卒五人のうち、私以外は全員フロント係で、私だけが宴会サービス係であった。「あぁ、フロント係なんて、ただのチェッキングマシーンだ。あんなものアホでもできるわ！」と強がったものの、何故だか一筋の涙が頬を伝った。後に、宴会オフィスマネジャーが、私を半年ほどで宴会オフィスに異動させようと画策した人事だという事を、本人と人事課の両方から聞いた。つまりはドラフト一位の期待のホープだったのである！うふっ。

宴会サービス係で最も大変な仕事は婚礼サービスである。土日は、始発で出勤して終電になることもあるし、朝から晩まで始終動きづめで、体力的にかなりキツイ仕事であった。当時、婚礼サービスというのは、一つの宴席に、社員はチーフ一名とアシスタント一名で、残りは配膳会（臨時雇い）で構成されていた。チーフの指示によりすべてが動いており、特にアシスタントはチーフから直接指示を受けるので、全く気を抜くことができない。あるチーフなんて、片方の眉毛をピクッと動かすのが料理を出すサインであったから、宴席そっちのけでいつも眉毛ばかりを凝視していなければならなかった。また、別のチーフは、何でもかんでも事細かくメモをとる人で、かなり神経質な上にとんでもなく気難しい。メモには従業員の失敗なども詳細に書いてあるという噂もあり、皆戦々恐々としていた。私は正直なところそのチーフがあまり好きではなかった。というか、大嫌いだった！

ある日私は、大宴会場の婚礼サービスで、その気難しいチーフのアシスタントに付くことになった。私は主賓客のテーブルの給仕を任されていた。宴席終了後、その主賓テーブルのお客様がチーフと何かしきりに話をしている。チーフは時折頭を下げて申し訳なさそうな様子であった。チーフはお客様と離れた後、件の気難しい表情でツカツカと大股で勢い良く私の所に向かってきた。

チーフ「まるおくぅ～ん！」
まるお「す、すみません。何かクレームでしょうか？」
チーフ「まるおくぅ～ん、お客様がぁ～、大変素晴らしいサービスだって褒めてたよぉ～」
まるお「へっ？あ、ありがとうございます！」
チーフ「終わったら、(手で飲み物を飲む仕草をして)クイッといこか？」
まるお「(すごく嫌だけど)はい、ごちそうさまです！(ホテルでは、先輩に誘われたらとりあえず『ごちそうさまです！』と元気よく言えと最初に教わる)」
着替えてホテルを出て、チーフの後に着いて行く。『どこに連れて行ってくれるのかな』と思っていると、角を曲がってすぐにある酒屋の自動販売機の前でチーフは立ち止まった。ビールの自動販売機である。まさかっ！と思ったが、すかさずチーフが「まるおくぅ～ん、どれがいい？」と訊いてきた。どれがいい？ってあんた、これ全部スーパードライやんか！と叫びたくなるのを抑え、私は生まれたての子鹿のように弱々しく３５０ＭＬ缶を指差した。チーフは私のと自分の５００ＭＬを買い、その場でプシューと開けるとゴクゴクと一気に飲み干した。「まるお君もどうぞ」という言葉に、「えっ！はい……い、いただきます……」と応えて、私も止むなくイッキした。喉に落ちていくものが、ビールなのか涙なのか鼻水なのか分からなかった。兎に角これが、私の『立ち呑み初体験』である。ぐすん。

最近は名古屋も立ち呑み屋さんが多くなてきた。伏見の地下街には様々な酒類の立ち呑み屋さんがあるし、かつて駅裏と言われて、危険地帯扱いされていた名古屋駅の新幹線側は、今や駅西と呼ばれ、お洒落な飲食店も沢山出来ていて、魅力あるエリアになっている。立ち飲み屋さんが多くあり、何より三時頃からやっている店もあるので昼呑みには重宝している。まずは、焼きとんを食いながらビールかホッピーで喉を潤す。その後場所を変えて、日本酒を呑みながら刺身と寿司を立ち食いする。それから伏見へというのが毎回のコースである。立ち呑み初体験は苦い思い出（ビールだけに）だったけれども、こんな立ち呑みならいつでも大歓迎である。

sake9.鯉は実らぬ恋の味？

大学を卒業して銀座東急ホテルの宴会サービス係に配属されると、最初は屋上にあるビール園（ビアガーデン）の担当となった。お昼前に出勤し掃除をする。真夏の炎天下の中で二百席程あるすべてのテーブルとイスを拭き上げる。通常、昼過ぎから休憩になるが、私には休むことが許されていなかった。この休憩時間を利用して、自衛消防隊の訓練をしなければならなかったのである。

自衛消防隊とは、企業内に組織される男女それぞれ三人一組の消防隊で、毎年秋に行われる京橋消防署管内の消防コンテスト（消火栓操法）に出場するチームである。主に脚が速くて声のデカイ新入社員が毎年選ばれる。消火栓操法は、規律ある動作や的確な命令・行為の伝達が主で、その上で放水により素早く消火（実際は的を倒す）をしなくてはいけない。ちなみに、我が銀座東急ホテルチームは、毎年男女とも優勝か準優勝を勝ち取っているので、かなりのプレッシャーとなる。しかも私は隊長なので、責任重大であった。訓練は過去の自衛消防隊経験者がコーチとなって行われる。喉が切れる程の大声を出したり、猛ダッシュを何本もかましたり、コーチ陣からバカヤローの怒声を浴びせかけられたりと、軍隊同然の訓練が夏の間じゅう毎日行われるのだ。で、貴重な休憩時間を軍隊で完全に潰したあと、私はビール園の営業を夜十時過ぎまで行うということになる。

女性チームの中に大卒同期のMさんがいた。彼女とはお互い冗談を言い合うような気の置けない仲であった。「芸能人に例えたら誰に似ているって言われる？」という私の問いに、「新幹線に似ているって言われる！」と、芸能人でもなきゃ人間でもない回答をするとても楽しい娘であった。彼女とは食事やお酒の趣味も合ったので、恋愛とかではなく（彼女には彼氏がいた）、純粋に『彼女と食事などに一緒に行けたらとても楽しいだろうな』とずっと思っていた。「今度◯◯という洋食屋に行こう」とか「今度◯◯というバーへ飲みに行こう」とか、お互いに口約束はするものの、彼女と私は部署が違っていて、予定が合わないどころか、日時を決める事すら叶わなかった。結局行ったのは、銀座の老舗バー『ルパン』だけだった。ルパンは、泉鏡花、菊池寛、永井荷風・川端康成などの文壇や、藤田嗣治、岡本太郎などの画壇にも愛された由緒正しきバーであり、酒呑みなら一度は体験したい空間である。

コンテストの結果は、男子は残念ながら準優勝だったが、Mさんのいる女子チームは見事に優勝を果たした。Mさんとは、一緒に一つのことを成し遂げたという連帯感もあったし、同じ軍隊の飯を食った（実際は飯は食ってない）同胞のような気持ちも生まれた。当日、お疲れさん会がホテル内の中国料理店孔雀庁で行われ、ここで初めて同じ釜の飯を食うこととなった。ホテルの高級中華料理を食べたことがなかったせいか、それとも長い間の軍隊生活の後だったからか、孔雀庁の料理はどれもすべて美味しく感じた。私がその時初めて食べた中華料理に『鯉の唐揚げ甘酢あんかけ』がある。それまで鯉自体を食べたことがなかったし、鯉は泥臭いとも聞いていたので警戒していたが、カリッと揚がった鯉に濃厚な甘酢餡が絡み、とても美味しかった。

ところで、Mさんは、私がホテルに在籍している間に結婚してしまったのだ。結婚前に、結納の目録を筆耕屋さんに書いて欲しいと私に依頼しに来た時、彼女は私にこう言ったのを今も忘れることができない。

Mさん「私は、まるお君との結婚も考えたのよ……」

まるお「もっと、はよ言えよ！俺もお前のこと好きだったよ！」

日本酒

sake10.歌舞伎鑑賞と酒

私は名古屋だけではなく、東京の歌舞伎座を始め、京都、大阪など結構頻繁に歌舞伎鑑賞のために遠征に行く。大歌舞伎のように昼の部と夜の部の演目が異なる場合には、一日で昼夜続けて通しで見てしまう。なので、朝から晩まで劇場内に居て、殆ど外に出ることはなく、必然的に昼食も夕食も劇場内で摂ることになる。

歌舞伎を観る者にとっては、食事もまた観劇の楽しみの一つなのである。歌舞伎座の中にはお食事処が沢山あり、なんとあの超高級料亭『吉兆』まであるのだ。しかし、私のような頻繁に歌舞伎を観る貧乏オタクにとっては、食事にはあまり贅沢をかけたくはない。だって、歌舞伎のチケットと交通費だけで、東京の場合だったら八万円近くになってしまうんだもん！

なので、例えば歌舞伎座の場合は、お向かいにある大好きな『弁松』であらかじめ弁当を買っておいたり、旧歌舞伎座の頃は館内のカレースタンド『オリエンタル』

で七百円のカレーを掻き込んだりしていた。ただし、演目が『雪暮夜入谷畦道』の時だけは別であった。この演目は、通称『そば屋』といい、菊五郎演じる直次郎が燗酒をやりながらかけ蕎麦を啜るシーンがあまりにも印象的で、終わった途端矢も盾もたまらず『地下食堂 花道』にすっ飛んで行き、直次郎宜しく燗酒と蕎麦を味わった覚えがある。

伏見にある御園座は名古屋の歌舞伎好きにとって最も重要な劇場であったが、平成二十五年三月末に建て替えのため一旦閉館した。

私は御園座でも大抵昼夜通しで見ていたが、幕間（※1）時に昼飯は絶対食わなかった。せいぜい名物の最中アイスを一個食うぐらいである。昼飯を食わないのにはわけがあるのだ。空腹に耐えながら昼の部見て、終わるやいなや地下一階のおでん屋『清富』に飛んで行く。清富は幕間に行くと予約で超満席だが、昼の部と夜の部の間は客が誰も来ない。暖簾をくぐると、綺麗で品のあるおばちゃんがカウンターの向こうに一人でいて、歌舞伎のある時にしか現れない私のような者に、「久し振りだね、今日は通し？」と優しく声をかけてくれるのである。

「うん」といいながら、四席しかないカウンターの一番奥のイスに座り、すぐに熱燗を注文する。おばちゃんは、年季の入ったおでん鍋の横に付いている燗銅壺にアルミのタンポを突っ込んで酒を温めてくれる。で、タンポから大きめの湯のみにドボドボと注いでくれるのだ。おばちゃんは、私が長唄の名取というのを知っているので、来る度に私の師匠より二代も前の家元の思い出話をしてくれるのだが、残念ながら私にはちんぷんかんぷんで、『あぁ、私がもうあと二十歳年寄りだったら……』などと、思ってもいないことを思ったりするのであった。

清富は創業してから約八十年になる。ここのおでんは濃い出汁が色良く種に染み込んでいて、心の奥底に誰もが深く刻み込まれている様な何とも言えない郷愁を誘う味なのである。それは、名古屋の伝統芸能を支えてきた人達の魂が、長い年月をかけてこの味に染み込み、日本人の琴線に訴えかけてくるのではないかと私は思っている。

この店のお気に入りの種といえば、まず第一にロールキャベツ。そして、海老が一本入った海老天。あと玉子とガンモと大根と厚揚げと里芋と……あぁ、もう全部だわ！

暫くすると、大向こうさん（歌舞伎で声をかける人）がやって来て隣に座るので、歌舞伎のウラ話や情報交換なんかを皆でする。で、楽しい時間はあっという間に過ぎてしまい、いつの間にか燗酒三杯くらいやってしまった頃に、キンコンカンと『もうすぐ夜の部が始まりますよ～』の一ベル（五分前）が鳴る。もう私は、ふらっふらの状態ながら、飛び六方のような勢いで急いで座席に向かうのであった。

おばちゃんは、平成三十年の四月に御園座が再び開場しても、もうお店はやらないって言っていた。寂しいなあ。どこかでまた清富のおでんが食べたい。

※1　まくあい。演目と演目の間の途中休憩

sake11.酒呑みの休日

休みの日は、まだ家族が寝静まっている早朝に起きて、風呂を沸かし、温泉もどきの入浴剤を入れたお風呂にゆっくりつかる。風呂あがりには家族に気付かれないよう缶ビールをプシュッと開け、モーニングコーヒー代わりにいただく。

昼前になると近くの定食屋に行き、テレビのワイドショーを眺めながらマグロを

つまみに仕方なさそうに（昼から飲んでごめんなさいという気持ち）燗酒を二合やる。酒がなくなると早々と店を出て、覚束ない足取りで覚王山へと向かう。

覚王山という地名は覚王山日泰寺（元は日暹寺）というお寺から由来するが、その日泰寺は明治三十三年にタイ（当時シャム）から贈られた仏舎利（お釈迦様の骨）を安置するために創建された無宗派の寺である。仏舎利は本堂から北東に離れた場所にある奉安塔に安置されている。

私にとってこの地は、小学生の頃からの遊び場の一つである。当時、日泰寺の境内には山門や五重塔などは無くて、ただのだだっ広い空き地でしかなかった。なので、子供が野球をするには好都合で、小学生が毎日大勢集まって来ては砂ボコリまみれになり、ど根性野球に励んでいたのである。野球の帰りには必ず参道の駄菓子屋に寄る。王冠裏のくじを目当てにミリンダやチェリオを買って喉を潤し、食いもしない仮面ライダースナックを買ってカードを集めたり、スーパーカー消しゴムを手に入れるためにガチャガチャの前に居座ったりと、まあ覚王山にはトレンディーな思い出しかない。

子供時代を思い出しながら、心地よい酔いで参道を歩く。ノスタルジックな外観の店の『めし　串かつ』と書かれた暖簾をくぐってカウンターにドカリと座り、「ビールと串かつ！カレーでね」と言う。串かつにカレーは珍しい組み合わせに思えるが、これが意外な事にビールと絶妙に合ってしまうのだ。ここの串かつは細いからお腹が一杯にならず、気持よくサッと次の店に行けるのが良い。（残念ながらこの店は最近閉店してしまった）

店を出て覚王山から地下鉄に乗り千種でＪＲに乗り換える。ＪＲホームのきしめん屋で天つま（※1）をつまみに冷や酒を、特別つまらなさそうに（平日の昼下がりなので周囲に気を使って）立ち呑みする。ちょうど日が落ちかけ夕方のラッシュが始まるころ、そのまま中央線に乗って名古屋駅で降り、酔い覚ましがてらトボトボと歩いて円頓寺へ向かうのである。

円頓寺（えんどうじ）は、西区那古野にある圓頓寺（えんどんじ、『どう』ではなく『どん』）というお寺一体に広がっている下町商店街である。私は嘗て八年ほど東京に住んでいた以外は五十年間ずっと名古屋に住んでいたのに、この円頓寺という土地を初めて訪れたのは実はつい最近のことである。名古屋の東寄りに住む私にとって、栄より西は知らない土地だし、円頓寺はわざわざ行くにはかなり面倒くさい場所という印象しかなかった。ただ、円頓寺商店街は名古屋の商店街の中では大須に匹敵する面白さだということは噂に聞いていて、大変気になっていた。

円頓寺商店街の端っこに堀川にかかる五条橋がある。その袂にあるのがお目当ての焼き鳥屋さんである。五時からの営業だが五時半頃に行くと、もう結構先客がいるのが外からわかる。カウンターが左右にあり、間に大将と女将さんが立って切り盛りしている。ここで、左のカウンターは左の入口から、右のカウンターは右の入口から入らなければいけないので、どちらの入り口から入るのか一瞬の判断が要求されるのだ。

私のお決まりは、席につくとまずはビールと軟骨を注文する。女将さんはちょっと宮沢りえのお母さんのような感じで、機嫌のいい時は『ふふふん～♪ほにゃららは～♪』とか自作の鼻歌を歌いながら生ビールを用意してくれる。

軟骨はその場でザクザクと輪切りにしてくれて、炭でカリッと焼かれる。これとビールの相性がまた最高なのである。肉の焦げた匂いと、軟骨のカリカリした食感。ビールを飲まずして一体何を飲めというのか！と叫んでしまいそうになる。その後、燗酒を注文し、串焼きを二本ほど食べたあと、最後にとっておきのつまみである味噌おでんを注文する。ここのおでんは玉子と蒟蒻と豆腐しかない。「何がいい？」と言われても三種類しかないのだから全部いただく。そういう時は「セットで」というとちょっとこの店の常連みたいな気分になる。玉子も蒟蒻も旨いが、中でも豆腐が絶品で、私は勝手に『名古屋スクエア』と呼んでいるのだ。大きな豆腐が崩れること無く、角がしっかりと立っていて、凛とした様相を呈している。味噌の艶やかな黒光りが名古屋人の心を擽る。こいつを端っこから突き崩して口に放り込み、燗酒を流しこむのは至福のひとときとしかいいようがない。

※１　天ぷらきしめん（そば）の麺抜き。東京で言う『天ぬき』

sake12.深まる秋の醍醐味とは

大須は、私にとって近そうで遠い街である。錦三から歩いても、そう時間がかかるわけでもないのに、一次会二次会のあとで『ついでにふらりと行こうか』という気にさせるような距離では絶対に無い。決して魅力がないわけではない。大須という街は大須に行くことを第一の目的にすべき、むしろ魅力あふれた愛すべき街なのである。

　実は小さい時から大須とは縁が深い。小学生の頃、夏休みになると父親や従業員と共に魚の仕入れのために毎朝大須に行っていたのである。大須赤門の近くに魚屋があって、そこに三河湾の漁港から直接魚を運んでくるトラックがやってくるのだ。ある日の朝、トラックが来るまで従業員と一緒に道路で、きゃあきゃあ言いながら三角ベース（軟式テニスボールを使い、バットの代わりに素手でやる野球）をして遊んでいたら、近くの長屋の二階の窓から怖いオッサンが顔を出して『うるせー！ぶっ殺すぞ！』と怒鳴られて、オシッコちびりそうになったことがあったっけ。まあ、朝の七時だから、怖いオッサンの言うことが至極正しいのだが……。

　秋も深まり十一月が近づくと、私はちょっとばかりソワソワし出す。『はぁ〜、もうすぐだなぁ、待ち遠しいなぁ……』と、ため息混じりとなる。私が恋い焦がれ待ち望んでるのは、スズメの解禁日である。スズメが解禁となれば、行くところは只一つ、大須のとある焼き鳥屋さんしか考えられない。

　この店のノスタルジックすぎる外観は、新参者を完全に拒絶している。中に入ると右にカウンター、左に幅の狭い小上がりがある。カウンターが満席の時は、小上がりに片足だけを上げて、矢大臣を決め込むというのも江戸の煮売酒屋の様で粋かもしれない。（本当はデブだから狭くて座れないだけじゃねえの？って思ってる君！あんた正解！）

白髪の大将は寡黙で頑固そうであるが、なぜか時々女将さんからケツを叩かれていたりする。実は私と一緒で山の神に頭が上がらないのか？それとも愛情溢れる二人だけの秘密のスキンシップなのだろうか？まあどちらにしろ、そんな事はどうでもいい事だ。悠長にそんな様子を眺めている暇はない。スズメは人気商品なので、先に注文しておかなければならないのだ。注意すべきは注文し過ぎないこと！数が少ないので、あとから来るお客さんのために残しておくのが礼儀であろう。

注文して暫くすると、スズメがやって来た！『まぁ〜ってましたぁ〜！京屋ぁ〜〜（分かる奴だけ分かりゃいい。〈ヒント：雀〉）』と大向うをかけたくなる自我を抑えつつ皿を受け取ると、色濃く艶良くパリッと焼かれたスズメが二羽、串に刺さって出てくる。二羽っていうとことろが嬉しいねぇ〜。

スズメはやっぱり頭の部分が一番うまい。カリッとした歯ごたえと、中からチュッと美味しいエキス出てきて……（何回書きなおしてもグロくしか書けないのはなぜ？要するに頭蓋骨から出る脳みそがうまいんだよね）。まあ兎に角、これだけは食った者にしかわからん至福の味わいなのである。

そして当然、熱燗をぐいっと流しこむ。この時だけは、酒は熱ければ熱いほど旨いと思う。

sake13.秋刀魚の秘密

人間が、舌の上にある味蕾で感じる味を基本味といい、五つの味がある。甘味、塩味、酸味、苦味、旨味である。味蕾で感じない味は基本味に含まれない。例えば、スプーンを咥えた時に感ずる金属味は口中に電気が通る時の刺激であり、甘味の反対でよく表現される辛味なんかは味ではなく、実は痛みだということはあまり知られていない。従って、辛いものが得意な人は、大方痛みにも強かったりする。カレー屋さんで何十辛とかを平気で食べられるような人は、何処かで怪我をして体からドバドバ血が流れていたとしてもヘラヘラしていて、人から「ちょっと！あんた！

頭から血ぃでてるわよ！」と指摘されるまで全く気付かない可能性があるということを覚えておいたほうが良いだろう。そういうタイプは特に女性に多い。決して女はアホだからという意味ではなく、女性には強烈な痛みを伴う出産があるがために備わっている重要な能力らしいのだ。だから、『辛いもののズキは痛みがわからないアホだ』などと決して言っているわけでは無いことを重ねて明記しておく。

甘味（糖分）は人間にとってエネルギー源であり、塩味（ナトリウム）は体内バランスに不可欠な物質で、摂取しなければ死んでしまう。母乳にはこの二つの味があり、赤ちゃんが教えられなくても自然におっぱいに食らいつくのは、体の成長に不可欠なものだからなのである（大人の場合は別である）。

一方、子供は酸味のあるものを嫌がる。私も昔は酸っぱい冷やし中華が大嫌いだったし、寿司屋の息子のくせに酢飯が大の苦手だった。子供が酸味を嫌うのは理由があって、その酸味を『腐っている』と本能的に認識するからなのである。

同じく苦味も子供は嫌いである。例えばコーヒーや濃いお茶、魚介類の肝類などを嫌う。これは苦味を『毒』と認識しているのであり、大人になるに従って開発される味覚なのである。成人してても最初はビールが苦手であったが、いつの間にかビールと牡蠣フライの苦々コンビに狂うようになるし、よく金持ちがカワハギの刺身に肝をつけて食ったりするが、あれは気絶するほど旨いらしい。そして毎年フグの肝を食ってサヨナラしたりする輩もいる。そういう面では、やっぱり大人にも毒なのかも。

旨味は、一九〇八年に東京帝国大学の池田菊苗教授がだし昆布から発見した味である。それまで欧米の学者が、日本人が主張する旨味は、甘味や塩味などが混ざり合ったものであって、基本味ではないと主張していたものを、約百年経った二〇〇〇年に旨味の味蕾があることが発見され証明された。日本食は旨味の文化である。日本人は、出汁、醤油、味噌、酒などの旨味を駆使して食文化を完成させてきた。特に、旨味を全面に感じるアルコール飲料は世界に少ない。日本酒と紹興酒、一部のビールくらいではないだろうか?

我々酒呑みは、この五つの基本味を駆使して楽しむ魔術師であると私は常日頃思っている。例えば、甘味と塩味の対比効果を利用した酒の飲み方がある。日本の酒呑みは、日本酒(甘味)と、唐墨や塩辛などの珍味(塩味)の相性を知っているし、フランスの酒呑みはロックフォール(塩味)とソーテルヌ(甘味)など、甘味と塩味が美味しさの相乗効果を引き起こす事を熟知している。

中でも秋刀魚の塩焼きと燗酒は究極で、酒(甘味、旨味)、秋刀魚(塩味)、柑橘類(酸味)、腹わた(苦味)、醤油(旨味)と、基本五味すべての大融合なのである。これは核融合の次にすごい味融合と呼ぶべきものである。きっと岡本太郎先生も草葉の陰で秋刀魚は爆発だ！と言うだろう。秋刀魚の塩焼きと燗酒、誠に恐るべし！なのである。

私は新鮮な魚が食いたいと思うと真っ先に浮かぶ店がある。『力猿』という店は若い兄ちゃんが数年前に始めた居酒屋で、女子大小路にあるくせに(失礼！)つまみは洗練されている。メニューには旬の魚が多く、お刺身から始めて何品か注文するが、どれも旨くて注文しすぎてしまう。秋になるとこの店にも秋刀魚の塩焼きが登場する。ここの秋刀魚は他の店より二回りくらいデカイ！秋刀魚は大きさによって仕入値が違ってくるから、このサイズのものは相当な高級魚である。秋刀魚はデカければデカイほど脂が乗っているので、大きさを見ただけで嬉しくなって踊りたくなる(踊りません！)。ところが、秋刀魚は中を見てみるまでは安心できない。お腹に箸を入れた時に命運が分かれるのだ。秋刀魚は腹わたの形が最も重要で、形が綺麗に保たれているものは新鮮であり、グチャグチャになってしまっているのはあまり新鮮ではないのだ。当然、この店の腹わたは形がそのまま保たれている。

私は脂の乗った秋刀魚の身に、カボスを香り程度に絞り、この腹わたを付けていただく。そして、燗酒をグビグビっとやる。秋だけにしか味わえない幸せな核実験である。

あ、しまった、明石家さんまのギャク入れるの忘れた……

「ヒャアー」

sake14.京都しゃぶしゃぶの謎

毎年、酒造り体験ツアーで関谷醸造さんに行く。ある時、酒造り体験のあとの懇親会で、何を思ったのか参加者の一人が突然前に出てきて「歌いまぁーす！」と言い、独り楽しげに歌いながら踊りだした。『ズンチャン、チャラララッチャ♪ズンチャン、チャラララッチャ♪富士の高嶺に降る雪もぉ～♪京都先斗町に降る雪もぉ～♪雪に変わりはないじゃなしぃ～♪とけて流れりゃ皆同じぃ～♪』……全く迷惑な話である。

この『お座敷小唄（作詞：不詳）』に出てくる京都先斗町といえば、五つある花街（祇園甲部、先斗町、上七軒、祇園東、宮川町）の一つであるが、私はすべての花街に縁がない。私の京都旅行は、時々南座へ歌舞伎を観に行くほかは、寺社巡りだったり酒蔵巡りだったりで、好きで行くとはいえ、ハッキリ言って地味である。そりゃ男なら京都で芸妓さんをあげて、唄って踊って呑んでという遊びをしてみたいよ！しかし、貧乏人には富士山くらいの高嶺の花なのであった。

もう随分前に亡くなっているが、私の父方の祖父は、太鼓を敲いたり、鼓を打ったりした通人で、芸妓さんをあげてのお座敷遊びも頻繁にしていたようだ。実は、親族の中にこの通人ＤＮＡを持った者は私しかいない。一応言っとくが、本当に一応だが、私は長唄の名取なのである。三味線も弾きゃ、唄もうたう。当然、普通の人よりは花柳界には馴染みがある筈なのだが、神様は貧乏人には貧乏人の生き方しか教えてくれないらしい。神様が笑いながら言う『鴨川おどりや都をどりなど芸妓さんの踊りでも見れば、お座敷に行った気分になるのでそれで我慢しなさい』と。

京都の楽しみに食事は欠かせない。先斗町には古いしゃぶしゃぶ屋さんがある。

明治三十八年創業で、しゃぶしゃぶの元祖らしい。玄関やお部屋は改装されているが、所々に古い建物の面影が残る。この店の凄いところは、見るからに上等な肉をさらに旨く食わせる技術を持っていることだ。で、肝心なのが、それでいて思いの外お値段が安いのである！座敷に入ると、真ん中に年季の入った丸テーブルがあって、その真ん中に鍋が置かれる。鍋の中心が筒になっていて、そこに赤々と火の着いた炭が入っている。仲居さんが野菜や肉を鍋に入れてくれて、「うちのしゃぶしゃぶは全く灰汁が出ないんですよ〜」と自慢げに話してくれた。ん？灰汁が全く出ない？謎である。

そもそも灰汁というのは、肉から出たタンパク質が凝固したものであり、アミノ酸や脂質を含む旨味成分である。実際に灰汁を舐めてみれば、甘み旨みを感じる。従って灰汁が出るということは肉の旨味成分が出てしまっているということにほかならない。なので、このお店の『灰汁が出ない』という意味は、旨味甘味を閉じ込めた本来の肉の味で、しゃぶしゃぶを楽しむことができるということなのである。

で、この旨味のある肉を、特製の胡麻ダレ（店主が毎日胡麻を練って作るらしい）

をつけて戴くと……あら不思議！、サッと襖が開き舞妓が数人現れてきて、私の周りを踊りながらクルクルと何度も回るのである。私は思わず『舞妓 Haaaan!!!』と叫んでしまうのであった。えーと……、それだけ幸せな気分なんだという完全な妄想である。調子悪いな今日は……。

本題に戻る。灰汁が肉から出てしまう温度は８０℃であり、つまりは８０℃以下のお湯で肉をしゃぶしゃぶすれば、灰汁が出ないという理論になる。この店の鍋を見ると、炭が入っている筒の周りは沸騰した状態でジュージューいっているが、筒から離れた部分は煮立ってはいない。恐らく７０℃から７５℃くらいに保たれているから灰汁が出ないのであろう。温度が低ければいいと思いがちだが、７０℃以下だと今度は衛生上の問題が出てくる。この店は、それだけ絶妙な火加減を保つ術を経験として持っているということである。

温度が高くなり灰汁がたくさん出た場合、そのままにしておくと苦くなり鍋の味を損ねる。ただし、灰汁は旨味成分であるから、あまり取り過ぎてしまうと味気ないものになってしまうので、少しは残しておいたほうがいいようだ。よくいるけど、灰汁がちょっと出ようものなら、必死こいて鬼の敵のように掬う人がいる。そういう人は旨味まで取ってしまうので、『灰汁（悪）代官』というらしい。ふっ……。私が考えたんじゃないよ。ウィキペディアに書いてあった。私はこんなセンスの無い事は言わない。

まあ、灰汁も旨味成分だというから、酒蔵見学ツアーも、たまには『灰汁の強い人』がいたほうが盛り上がっていいかもね。

しまった！このエッセイには酒が出てきてない……

sake15.鰻屋で独り酒

鰻は五千年前の縄文人も食べていたらしい。貝塚から鰻の骨が出土していることで判明した。悲しむべきは、縄文人には骨煎餅にして食べるスキルがなかったということだ。縄文人が実際どんな食い方をしたのかは知らんが、今のように鰻を開いて、醤油を使ったタレに付けて食べるようになったのは江戸時代の後期のことで、享保年間の頃かららしい。それまでは、醤油というもの自体が一般的ではなかったのである。鰻も寿司も蕎麦も、江戸の料理はすべて醤油の発明がなければ成立しなかった。

室町時代から江戸時代初期までは、鰻を筒切りにして串に刺して焼いていた。その形が、植物の蒲の穂に似ている事から『蒲焼き』の名称がついたそうだ。当時の味付けは、塩、酢みそ、辛子酢だったらしい。土用の丑の日に鰻を食べる習慣は、平賀源内が贔屓にしていた鰻屋が夏に鰻が売れないと泣きついてきたため、『土用の丑の日、鰻の日。食すれば夏負けすることなし』と言うキャッチコピーを源内が考えて、看板を立てたところ、その店が大繁盛した事から始まったらしい。しかし、鰻が文献に初めて登場したのが万葉集にある大伴家持の歌で、『石麻呂に 吾れもの申す夏痩せに よしといふものぞ むなぎ（鰻）とり召せ』というのがあるから、ずっと昔から鰻は夏のスタミナ源だったようだ。でも本来、天然鰻の旬は秋から冬らしいが。

御存知の通り、鰻の調理法は東西によって異なる。関東風は、鰻を背中から裂く『背開き』で（江戸は武士の世界だから腹開きは禁物だからとか）、串打ちをして白焼きをし、蒸籠で白蒸しをする。その後、タレをつけて焼くというのが関東風の調理法である。一方、関西風は、腹開きにして、串打ちのあと白焼きをし、その後タレをつけて焼くという調理法になる。関西は白蒸ししないのが特徴である。この東西の境目は、愛知県岡崎市付近と言われているが、浜松辺りから混在しているようだ。

私は、基本的にはうな重しか食べない。お金が無くても、うな丼は食べない。それから『ひつまぶし』は絶対に食べない。特にひつまぶしの場合は、ひつまぶしがメニューに無い店か、ひつまぶしがメインじゃない店に行くことにしている。何故かは誤解を生むといけないので内緒にしておく。で、何故うな丼じゃなくてうな重しか食わないかというと、私にとって鰻を食べに行く事は、超贅沢な食事をするということであるので、折角鰻屋に来たのだから、この少ない機会になるべく沢山の鰻を口の中に放り込みたいという、根っからの貧乏根性から由来しているのである。ああ、そうですとも、何の深い考えもありません。

私は、鰻を食べる時はあまり遠くには行かない。呑み過ぎて帰れなくなると困っちゃうから。だから、独りでちょっと呑みたいだけなら近所の旨い店で済ます。席に座るや否や「肝焼きと瓶ビール！」という。ここの肝焼きは絶品で、こんなに大きな肝をこんなに沢山独り占めしていいのだろうかと、背徳感で押し潰されそうになる。また、こんなに鰻の肝を食べて、今夜間違って山の神（妻）を襲わないだろうか……と不安になったりする。そんな事を考えながら肝焼きでビールを呑み、その後にうな重で締めるのだ。

独りで白焼きを食うのであれば、今池の店が好きである。幅の狭いノスタルジックなカウンターで呑む燗酒がいい感じだし、ここはトンカツ屋でもあるので気軽感があって好きなのだ。山葵をつけながら白焼きをチマチマ食ってると、燗酒二合くらいあっという間にツルッといっちゃう。もし何人かで白焼きを食いに行くなら、東区の高級店の白焼きは大きくて肉厚で旨い！ここはツマミも多いし、酒の種類も多いので皆でワイワイやるには楽しい。最初はビールを呑みながら、うざくや肝焼きを食い、すぐに冷酒か燗酒に変えて、う巻きと白焼きを堪能する。大抵は散々呑み散らかしてあまり飯が食えなくなっているので、勝手に「茶碗もう一個下さい」と言い、嫌がる友人からひつまぶしをチョットばかり強奪して頂いたりする。こういう時はひつまぶしは重宝する。

私は基本的に混んでいる鰻屋には行かない。並んでいる店なんか以ての外だ。外で待つのが嫌だし、また席についても早く食べなきゃならん気がして全く落ち着かない。『飯は並んでまで食うな！』という親父の遺言もある（まだ生きてる）。ところが、香嵐渓にある鰻屋のうな重は大好物で、どんなに並んでいても食う。絶対に食う。車でしか行けない場所だから酒も呑めないし、遠くて時間もかかるけど、毎度毎度ここは並ぶ価値があると思ってしまうのだ。私にとって、走攻守三拍子揃ったイチローのようなうな重なのである。まあ、好みの問題だから、行ってまずくても文句はなしということで。

sake16.朝食と酒と玉子愛

シティホテルの朝食はバイキング形式でなければ、大抵コンチネンタルブレックファーストとアメリカンブレックファーストとの二種類がある。時々モーニングステーキというのがあるが、あれは海外から到着した人が肉を食べることにより時差ぼけを解消するための料理で、一般の朝食とは違う理由で提供されている。コンチネンタルブレックファーストは、パンと飲物のみというシンプルな朝食であり、アメリカンブレックファーストはスクランブルエッグやフライドエッグ（目玉焼き）

などの卵料理にハムやベーコンなどが添えられて、パンと飲物が供される。最近は卵料理に、エッグベネディクトも人気がある。エッグベネディクトとはポーチドエッグにオランデーズソースをかけたもので、数年前に放映されたドラマ『シェアハウスの恋人』で、谷原章介が「朝はエッグベネディクトしか食べない」と言っていたのを見て、私は初めてその存在を知った。朝、山の神が「玉子は目玉焼きでいい？」と訊くので、「エッグベネディクトにしてくれ」と早速言ってみたところ、生卵がゴロンと皿に盛られて出てきた。「自分でやれ」という言葉と共に……

イギリスでの朝食は、卵料理にベーコン、ソーセージ、ハム、ポテトや豆料理などがふんだんに出てくる。一般にイギリスの朝食はとても豪華なことから、『イギリスは朝食が一番美味い』などと揶揄される。しかし、私にとっての最高は、フランスでの朝食であった。バケットやクロワッサンにバターが添えられ、あとはカフェオレのみというコンチネンタルスタイルである。初めは物足りないのではないかと思っていたが、噛むとザクッとした歯ごたえがあって濃厚なバターの味がする大きなクロワッサンや、外側はカリッとして中はしっとりとした細身のバケットは、当時（一九八〇年代）の日本には無い味わいであり、さらに芳醇な発酵バターを塗って食べると、米が主食である筈の自分と今日から決別できるのではと思う程、衝撃的な美味さであった。加えて、カフェオレがこれまた超美味い。濃厚なコーヒーの入ったポットと温かいミルクの入ったポットを右手と左手で持ち、大ぶりなカフェオレボールに混ぜて注いで飲む。何故日本だとカフェオレはあんなに薄まってしまうのだろうかとフランスにいる間中毎日疑問に思っていた。ローストの深さが違うのであろうか？ミルクの質が違うのであろうか。それとも私が単に舞い上がっているだけなのだろうか？

小学生の頃から、家業の寿司屋が忙しくて母親が夕食を作れない時は、手っ取り早く自分で目玉焼きなどを作っていた。小学生でも簡単に作れる目玉焼きだが、焼き方から調味料、そして食べ方に至るまで、これほど人によって様々な好みが存在する料理も少ない。もうこれは一種の派閥が形成されていると言っても過言ではないのである。一般的に焼き方で大きく分けて二派閥あり、片面だけ焼くサニーサイドアップ派と、ひっくり返して両面焼くターンオーバー派がある。日本では圧倒的にサニーサイドアップ派が多いが、その中でも更に二派閥形成されている。焼きあがる直前に水を入れて蓋をし蒸し焼きにして、黄身の表面を白くさせる派（小学校の家庭科実習で習う）と、蒸し焼きにせず黄身を黄色いままで焼く派がある。また白身の硬軟で二派閥ある。油多めで白身の周りや底面をカリカリにする派と、水を入れて白身を焦がさず柔らかく仕上げる派とがある。私は黄身は黄色く白身はカリカリ派であるが、うちの山の神は全く正反対で、新婚の頃に論争となり朝から大喧嘩した事がある。私は、先ずカリカリの白身をチマチマ食べながらビールをくいーっと呑み、白身が無くなったらトロトロの黄身にベーコンやハムなどをつけてまたビールをくいーっと呑みたいのだ。当然食べ方にも派閥があり、私のように白身から食べる者もいれば、森茉莉のように黄身から食べる者もいる。森茉莉は森鴎外の娘だけあって、流石に目玉焼きの食べ方もブルジョワである。森茉莉著『私の美の世界』にはこう書かれている。『さじをとり上げると私は卵黄を傷つけないようにじょうずに切りぬき、少量の醤油をかけ、卵黄をすくって丸ごと口に運ぶ』とある。いきなり黄身をそれも一口で食べてしまうなんて、その後の気持ちをどう維持しながら白身を食べるのだろうか？まさか白身を捨ててしまうのでは？と、大好きな黄身を後に残して大事そうに食べる貧乏性の私には、森茉莉の事が心配で心配でお節介にも眠れなくなってしまうのである。

また目玉焼きにつける調味料にも派閥がある。統計では醤油派が圧倒的に多く、その次が塩胡椒、塩のみ、ソースと続く。中には日本酒をかける人がいるらしいが、私はそこまでアル中ではない。塩と黒胡椒を黄身と白身に満遍なくかけるか、または全体に軽く塩を振り、黄身にのみ白胡椒を落とす。醤油はご飯にのせる時だけ黄身に少し垂らす。調味料といえば思い出すのが、昔、祖父が作ってくれた目玉焼きは、どの派閥にも属さない一匹狼的な目玉焼きであった。たっぷりのバターをフライパンに落とし、ハムを並べて卵を落とす。焼きあがる少し前にウスターソースを卵の上と周囲に回し入れ、ジュクジュクいったところで素早くターンオーバーして蓋をする。ソースが少し煮詰まったところで火を止めて皿に盛るというものであった。これは、赤ワインやウイスキーによく合うので、たまに自分で思い出して作ってみるが、祖父のようには上手くいかない。

私は温泉旅館での和朝食も大好きである。大抵は焼魚や干物、玉子、焼海苔、納豆、豆腐、蒲鉾、漬物、お浸し、佃煮、味噌汁、ご飯などが地方色を帯びて出てくる。さて酒好きの皆さんならもうお気付きだと思うが、旅館の朝食は酒に合う物ばかりである。酒に合うつまみばかりを並べられて、酒を呑まないのは酒呑みとして恥である。と言いつつも、朝から酒を呑む客は普通殆どおらず、注文するには些か恥ずかしい。仕方ないから浴衣の懐に、昨晩余分に注文しておいて隠していた一合瓶の酒を忍ばせておいて、仲居さんに悟られぬよう湯のみに移し替えてコソコソ呑むという誠に弱虫な酒呑みと化するのである。で、飯のおかずをすべて酒のツマミでなくした後、最後の締めは、やはりご飯に温泉卵を乗せて食べる。旅館では出汁がかけてあることが多いが、もし玉子だけなら醤油を少しかける。私は温泉卵が大好きなので、事務所の冷蔵庫に温泉卵が常備してある。毎朝、事務所の炊飯器で新潟コシヒカリを炊き、炊きたてご飯の上に温泉卵を割って乗せ、少し黄身を崩したところにトリュフ塩を指で摘んでパラパラとのせて、ご飯と混ぜすぎないようにして食うのである。そして、冷蔵庫でキンキンに冷えている白ワインを取り出し、クイッとやるのである。それが一日のスタートであり、これが最高に美味い温泉卵の食い方である……と私は思っている。

sake17.酒界の虎の穴？

私は伝統芸能が好きで、歌舞伎役者・坂東玉三郎の追っかけモドキをしている。玉三郎出演と聞けば、東は東京・歌舞伎座から西は熊本・八千代座まで駆けつけるのであった。歌舞伎ズキが高じて、長唄を習い始め、名取になったはいいがいつまで経っても下手くそで、歌舞伎は『やるもの』ではなく『見るもの』だということが今にしてようやく分かった次第である。というくらい、伝統芸能バカなのである。本当のバカなのである。

そんなわけで、最近になって歌舞伎やら文楽やらを大阪の松竹座や国立文楽劇場で見るようになり、数年前に初めて大阪という地を訪れた。それまで大阪に馴染みがなかったのは、関西弁に怖いイメージがあって、なんとなく苦手意識があったからなのだ。だが、思い返すと、小学生の頃は土曜の昼に放送していた吉本新喜劇を見るために、超猛ダッシュで帰路についていた『まるお少年』がいたっけ。

大阪に行くと、ここは昼酒のメッカだ！堂々と昼酒ができる聖地だ！ということが分かり、今や歌舞伎や文楽とは全く関係なく、昼酒するためだけに近鉄電車で難波に向かう。そして、当然ながら、新世界へ直行♪（どこが当然なのか）するのだ。

私のお目当ては、新世界で有名な串かつを食べながら酒を呑むこと……ではない。私は、新世界では『酒の穴』に行くのである。酒の穴……虎の穴？ん？虎の穴は、ウィキペディアによると『世界中の気が荒く腕っ節の強い孤児たちを地獄の猛特訓により十年計画で強靭な悪役レスラーに作り上げてゆく』という漫画のタイガーマスクが修行した恐ろしい場所だ。ということは、酒の穴は……いやいやここは地獄とはかけ離れた酒呑みの楽園、天国なのである。

この店の名物は八宝菜である。え？居酒屋で八宝菜？とお思いの御仁、この店の八宝菜はちょっと違うのだ。汁にとろみはなく、いわば新世界のシチューと言ってもいい。このシチューの具をちょこちょこつまみながら、ビールをキュッといただくのが最高のイントロダクションなのである。そのあと、燗酒をやりながらつまみを二、三品いただくが、まあどれもこれも美味しいのだ。しかも安い！そしてこの店でのクライマックス。冬場はもうこれしかない。粕汁である。西京味噌が溶いてあるのか、少しほの甘くコクのあるアツアツの粕汁は、凍てつく寒い真冬の夜には、店を出た後の防寒具となってくれるのである。

勘定をすませると、『お兄さん、寒いから風邪引かんといてね』なんて声を背中に聞き、そっと右手を上げる私は、きっとカッコ良かったに違いない。振り返ったが誰も見てへん。

sake19.正月の朝は浅草で呑む

東京では新年二日から歌舞伎が上演されている。歌舞伎座や国立劇場での大歌舞伎もあるが、浅草では毎年恒例の花形歌舞伎『新春浅草歌舞伎』が浅草公会堂で興行される。花形歌舞伎とは、若手の人気俳優による歌舞伎である。昼の部の開演は十一時からであるが、初日(一月二日)に限っては、朝九時前から大勢の人々が公会堂前に押し寄せる。なぜならば、初日に限り歌舞伎俳優達による鏡開きが行われるからだ。

公会堂の前には鏡開きのためのステージが設けられ、その前の列に早くから並ぶと、俳優さんが直々に柄杓で枡にお酒を注いで手渡してくれるのである。ところが、恩恵に預かれるのはせいぜい二十数名位で、あとは係の人が紙コップに注いだものを取りに行くという少々味気ないものとなる。それでも、お正月の朝から樽酒が、しかもタダで呑めて（卑しい！）、至極幸せな気持ちとなり『今年はいいことがあるかも！』なんて思っちゃったりする正月早々脳天気なまるおである。

で、紙コップに注がれた樽酒を手に、ちびりちびりとやりながら浅草を漂う。仲見世の方へ行ってしまうと浅草寺の参詣者でもみくちゃにされて酒を溢すといけないので、逆方向の人通りのなるべく少ない道を探しながら歩く。酒呑みが愛するホッピー通りを北に上がると、右手にノスタルジックな食堂が見える。ここは場外馬券場が近いことから、普段は青赤の泥棒削りの鉛筆を耳にかけ競馬新聞を片手に集う店で、競馬好きなオッサン連中の御用達の食堂なのである。

玄関外に大きな四角いおでん鍋が出ていて、あばちゃんがおでん番をしている。店に入る前に、おばちゃんに『あれとこれと……』と、おでんを頼んでから店の中に入るのがこの店のルール。私の場合、東京のおでん屋で必ず注文するものは『ちくわぶ』と『白はんぺん』である。ちくわぶは小麦粉を固く練って竹輪状にしたものであり、白はんぺんは、東京では単に『はんぺん』と呼ばれ、白い三角のフワフワしたものである。両方共、最近は名古屋のスーパーでも見かけるようになったが、元々は名古屋には存在しなかった種である。

実は私はおでん種には少々詳しい。大学時代、築地市場場内の練物屋でアルバイトをしていたことがあるのだ。夜十二時から朝八時までという勤務であり、東京駅から歩いてキラキラ輝く夜の銀座を経由して、深夜のまだ誰もいない静寂な築地市場に向かう。そこから軽のミニバンに六人くらいギュウギュウ詰めに押し込まれ、月島の練物工場へ連れて行かれる（連行される）。そこで、得意先のスーパーなど各店舗別に練り物の配送仕分けをして、早朝四時頃中型トラックの貨物室に乗って（閉じ込められて）再び築地場内に戻り、仕分け作業や場内配送をして八時に終了するという仕事であった。

一緒に仕事をする仲間は五～六名ほどだったが、いずれも年配のアルバイトであり、それぞれが訳ありな人達ばかりであった。皆が昼の仕事を持っている様子だったが、教えてくれる者は殆どいなかった。唯一古本屋の店主だと教えてくれた人に、「いつ寝るのですか？」と聞いても口を濁すばかりで語らなかった。ある人は少林寺拳法と極真空手の両方を極めているという五十歳代半ばの人で、休憩時間にジャッキー・チェンばりの凄まじい演舞を見せてくれたりした。格闘技好きの私は心を惹きつけられたが、いかんせんこの人はいつもカップ焼きそばをお湯を捨てずに食べる人だった。「あの、◯◯さん、それ、お湯を捨てるんですよ」と私が言うと「いいの、いいの！」って、めちゃ美味しそうに食べる人であった。パンチドランカーだった。まさにこの状況は『苦役列車（西村賢太著）』に近い環境だったのである。

朝八時に仕事が終わった後は、比較的ちゃんとした仲間のおじさんに、場内の一膳めし屋で煮魚をあてに燗酒をたらふくごちそうになったりした。帰りは、朝日がアスファルトをギラギラと照りつける銀座の道を、サラリーマンが颯爽と会社へ出勤する中、皆とは逆方向にひとり赤ら顔で、しかも千鳥足でふらつきまくる大学四年生のまるおがいた。

sake20.温泉で呑む酒

私は時々独りで旅に出かける。何を隠そう私は、世界で初めて『t＝s』という方程式を発見した人間であるのだ（あっ、『旅＝酒』のことね）。なので、必然的にいつも電車やバスの旅となる。つい先日は奈良の十津川温泉へ行ってきた。十津川温泉は、近鉄大和八木駅から『日本一長い路線バス』に乗ってなんと四時間半という秘境にある。バスの中で四時間半もの時間があるのだから、さぞかし酒が沢山呑めるかと思いきや、実はトイレが心配で水すら飲むのを躊躇することになるとは、酒呑みの私にとって誠に不覚であった。ごく普通の路線バスだから当然車内にトイレはなく、途中でトイレ休憩が二回あるだけなのである。もしも、自然の摂理に耐えかねて（急に大きいのや小さいのがしたくなったということね）、途中下車を余儀なくすれば、次のバスは翌朝までないのである。

十三時四十五分に、たった三人の客を乗せて、バスは大和八木の街中を走りだす。もう私の頭の中はノリノリで浅野ゆう子の『セクシー・バス・ストップ』という歌がかかっている。でもこの『バス・ストップ』って、バスとは全然関係なくて、ディスコダンスのステップのことなんだってね。今調べて初めて知ったよ！小学生の頃から四十年間も『お色気たっぷりな停留所』と勘違いしていたエッチなまるおであった。車窓は街の風景からすぐに田園地帯へと変わり、あっという間に深い山中に入り込んでいく。対向車とすれ違うことが出来ない細い道を、熊野川沿いにクネクネと走り抜ける。この辺りは頻繁に土砂崩れや地すべりがあるらしく、所々山が大きく削れてそのままになっていたり、大小の補修工事が各所で行われていたりして、美しく穏やかな景観と、その真逆である自然の脅威を同時に見せつけられて、その差に慄然とした恐怖を感じる程であった。そんな変化に富む車窓を夢中で追っていたからなのか、四時間半のバス旅は意外にも早く過ぎ去った。もう車内には客は誰も残っていない。十八時十四分、すっかり暗くなった十津川温泉のバスターミナルに降り立つと、すでに旅館の従業員が車で迎えに来てくれていた。

独り旅というのは、まず企画段階から楽しい。自分のことだけを考えればいいからである。私には譲れない条件が二つある。まず第一の条件は温泉のある宿であり、かつ源泉掛け流しであるという事である。できれば露天風呂があれば言うことはない。私は、空が白み始めた早朝に、誰もいない露天風呂に入るのを旅の楽しみとしているのである。家でも休みの日には早朝五時に起きて風呂を沸かし、温泉もどき入浴剤を湯船にサラサラと入れて、真冬でも窓全開にして電気も点けずに湯船に浸かるのである。目を瞑ると、ほら見えるよ……、奥飛騨温泉郷の露天風呂で見た満天の星……、熊本山鹿温泉の朝霧……というような幻想に浸り、心身ともに癒やされるのだ……というくらい早朝露天バカなのである。ボイラーで沸かしている湯だと、燃料ケチって早朝に入れないことがあるから、そういう宿は絶対嫌なのである。

もう一つの条件は何と言っても食事である。決して豪華である必要はない。海に行けば海の幸、山に行けば山の幸は当然だけれども、その宿でしか食べられないというものがあれば尚いい。

この十津川の宿は古くてこじんまりとした宿だが、とても清潔で小綺麗なのである。川辺りにあるので、水の流れる心地よい音が始終している。スタッフは男性しかいない。男性のほうが物静かで洗練されていて、さりげない気配りがあるように思うのは、この宿のスタッフが優秀だからなのだろうか。こう言うと叱られるかもしれないが、女性の仲居さんに時々ありがちなのが、わーわーと余計なことばかり五月蝿く喋って、お節介の割に全く気が利かない。ハイハイと気安く返事はするけど、バタバタしているだけでやたらとミスが多い人っているよね。まあ、パートのオバチャン教育するのに疲れ果てた私の偏見かもしれないけど。

食事は地元の食材を使ったものばかりである。一日目は、猪鍋、スッポン鍋、鹿肉料理という私にとって好きなものづくしであった。中でもスッポンは温泉で育てられたとのことで、当然臭みなどは全くなく、柔らかくて美味かった。猪鍋は肉の味わい深さは言うまでもないが、クリーミーな味噌仕立てが酒のつまみに丁度良い。ちょこっとずつ味噌を嘗めながら、朝まで酒呑んだろかと思ったくらいだ。猪に鹿にスッポンなんて……夜中に興奮したら誰が私の面倒を見てくれるんだろうか。責任取ってもらいたい。あ、だから男性スタッフしかいないのか。二日目は鴨づくし料理で、鴨のたたき、鴨鍋、鴨焼などを頂いた。ここの鴨は和歌山から取り寄せているらしく、鴨のタタキは新鮮で絶品であり、これは早く無くなるのが悲しすぎて、酒のつまみとして最後までチマチマと貧乏臭く大事につまんでいた。ここの料理はやたらと酒が進んでしょうがない。

最初は地元の冷酒や燗酒を呑んでいたが、次は骨酒を頂くことにした。骨酒とは、元来は焼き魚などを食べて残った骨を焼き直して沸騰直前の酒に入れて呑むものであるが、山間部などでは川魚を丸ごと焼いて干したものを再度炙って、沸騰直前の酒に入れて呑む酒のことをいう。この宿にはアマゴの骨酒と鮎の骨酒があり、贅沢にも両方同時に注文し、それを交互に呑みまくっていた。アマゴのほうが旨味が強く出汁が良く出るが、鮎の洗練された風味も中々乙なもので、注ぎ酒に次ぐ注ぎ酒で呑み過ぎてしまい、魚が酒に浸かっているのか、自分が酒に浸かっているのか、よく分からなくなってしまった。

温泉は、ほのかに硫化水素の香り（俗に言う硫黄の香り）がして、湯温も熱く、湯量もたっぷりですごく気に入ってしまった。湯の花もフワフワと浮いている。宿に着いてすぐ温泉に入り、食事をして酒を呑み、酔が覚めたらまた温泉に入り、湯上がりにビールやサワーを呑み、再び酔が覚めたらまた温泉に入って湯上がりにビールやサワーを呑むという、温泉・酒、温泉・酒の二拍子を繰り返す旅は、健康に良いのか悪いのかは別として、精神的に開放された一年で唯一の大事なひとときであることは間違いないのである。

sake21.結婚式が怖いよー

世界に酒は数々あれど、日本酒ほど素晴らしい特徴を持った酒は世界にないと私は思っている。それは……『日本酒は悲しい時も嬉しい時にも飲める酒』だという事である。例えば、お通夜の席で供せられる通夜振る舞いに、赤ワインは出てこない。ましてやシャンパンは不謹慎に思える。通夜の席でポンポンと音を立てて栓を開けたら、『この度は……おめでとうございます。あれ？』って事になりかねないからだ（ならんならん）。通夜にはやはり日本酒かビールが似合っている。

想像したくないが、唎酒師の私が死ねば当然通夜には日本酒が出るだろう。妻が「生前、夫が酒好きでしたので……（妻は私と酒の関係をその程度の認識しかしていない）」などと言って、酒屋さんが持ってきた志太泉（※1）なんか出そうものなら、参列した日本酒講座の受講生が口々に「自分で燗にしたいから湯を沸かせ」と葬儀場のおねえさんに叫ぶに違いない。で、遺影の前に置かれたぐい呑みに、私は草葉の陰から『温度が低い！もう一回やりなおして！』と受講生にダメ出しするのであろう。そうそう、妻に一つお願いしておくが、いくら酒ズキとはいえ、戒名に『酒』の文字だけは入れないで欲しいものだ。

悲しい時といえば、失恋がある。私が学生の時はジャック・ダニエルが失恋の酒であった（後述）。当時、食事もロクにせずにウイスキーを煽っていた私は貧血で何度も倒れていたのだが、今思えば日本酒にしておけば良かったのだ。なぜならば、日本酒には各種アミノ酸やビタミンなどの栄養分が多く含まれている。バリン、イソロイシン、ロイシン、ヒスチジンという人間に必要な必須アミノ酸以外にも、アスパラギン、スレオニン、セリン、グルタミン、アラニン、チロシン、フェニルアラニン、アルギニンなどのアミノ酸がビールやワインよりも豊富に含まれている。残念ながら蒸留酒では蒸留という過程でアミノ酸は取り除かれてしまうので、ジャック・ダニエルのようなウイスキーには栄養はないことになる。失恋して食事が喉に通らない時は、せめて蒸留酒ではなく日本酒を飲んだほうがいいのだ。そういえば、ドラマ『相棒』の陣川警部補も毎度失恋した時は日本酒でぐでんぐでんになっているじゃないか。失恋は居酒屋で日本酒というのが一番なのである。

でも、どうせ酒を呑むなら嬉しい時や楽しい時に飲みたいものである。嬉しい時の代表が結婚式だ。神前式の三々九度は日本酒で行う。私は人生で三々九度を二回している。といってもバツイチではない。結婚式以外に、長唄の名取式でも三々九度をしているのだ。師匠の門下となることで固めの契を結ぶのである。この時は、その三々九度の酒に内緒で大好きな志太泉 純米大吟醸生原酒を仕込んでおいたから、旨いのなんのって……おかわりしたくなってしまった。

そして私はなんと披露宴も二回している。といってもバツイチではない。名古屋と東京で行ったのだ。名古屋では、家業である寿司屋のお客様と名古屋在住の大学の先輩、小中高校の同級生、親族などで三百五十名ほど招待した。なんと祝辞は、いろんな経緯があって当時の愛知県知事、乾杯は大学の先輩で敬愛する星野仙一氏であった。星野先輩とは以前から懇意にさせていただいてはいたが、披露宴に列席していただける事になったのは、結婚式の半年前くらいに、偶々名古屋東急ホテルでお会いしたのがきっかけである。私が友達と１Ｆのコーヒーハウスに入った途端に、「おい！おい！」と大きな声で呼ぶ声がする。振り向くと星野先輩が私を手招きして、「こんなところで、何やっとるんじゃ」と言うので、「結婚が決まりまして、今打ち合わせが終わったところです」と応えると、「オレも行くから、招待しろよ！」と言って頂いたのだ。この時ほど人生の中で涙が出るほど嬉しかった想い出は他にない。

名古屋での披露宴は店のお客様だけで二百名近く招待しているため、飲物には特に注意が必要であった。まず、ビールの銘柄がお客様によってそれぞれ違うのである。私は、配膳係が間違ったビールを持って行かないか、高砂（新郎新婦の席）の上からすべてチェックすることとなった。日本酒は一ノ蔵松山天純米大吟醸しか飲まない人がいたので、すべての冷酒をそれに統一した。シャンパーニュは、これまたドン・ペリニヨンしか呑まないという人がいたため、すべてドンペリ白で統一した。

当時ドンペリは最も高価なシャンパンだという誤解があったためか、披露宴の最初から最後までドンペリで通す人が続出し、酒屋から八千円台で買ってホテルに持ち込んだ約七十本が足りなくなり、披露宴の担当者が私に「どうしましょう……」と耳打ちに来るという事態に陥った。本当に気の抜けない披露宴であった。

名古屋の披露宴の一週間後に、東京・銀座東急ホテルで行った披露宴は、私のホテル勤務時代の上司や先輩、妻の上司や同僚などで百名程となった。会費制での立食パーティーであったし、飲物に拘る人もいないので、酒はごく普通のものを用意したので、名古屋のように気を使うことはなかった。私は昔から歌声が松山千春に似ていると言われていた（頭じゃないよ）。カラオケでは名曲『恋』などをよく唄ったねえ。『ハゲてくことにぃ〜♪疲れたみいたぃ〜♪好きでぇ〜ハゲたぁ〜わけじゃあ〜なあぁい〜♪ヘアーの手入れは欠かさずするわぁ〜♪髪は長い友達だからぁ〜♪』ってね（モト冬樹さんの作詞だっけ？）。なので、東京の披露宴で私は『長い夜』を歌いながら入場し、列席者と握手しながら、渡されたハンカチで汗を拭いたり、妻の同僚の男性とキスしたり（オエッオエッ）と大変な一夜であった。

毎年結婚記念日近くになると大変だった結婚式を思い出し、もう二度と結婚式はしたくないと思うのである。あ〜、若い女性だったらもう一回してもいいかな……。先日、日本酒講座の後の飲み会で『先生の好きな女優さんは誰ですか？』って訊かれたので『広瀬すず（当時一七歳）』って答えたら、『若すぎるわ！アホ！』とエラく叱られたけど。

※1　静岡県藤枝の酒

sake22.日本酒は健康によい

『酒は百薬の長』と言うにも関わらず、我が家の山の神は私に対してお小言が多い。朝は「朝から酒呑んで！」と言われ、昼は「まっ昼間から酒呑んで！」と言われ、夕方には「またお酒の呑むの！？」と言われる。私がどんなに酒は体に良いかを訴えても唾が減るだけで、全く無駄なのである。

『酒は百薬の長』とだけ言われることが多いが、これは中国の『新』の皇帝である王莽が『塩は百肴の将、酒は百薬の長』と言い、塩と酒を民に振る舞ったことによるもので、元々は酒だけを表した文言ではない。日本人は健康志向が強く、ワインが健康に良いと聞けばワインブームが起こり、焼酎が身体に良いと聞けば焼酎ブームが起きる。しかしながら、健康に良い有効成分を最も多く含む日本酒は、ブームどころか逆に健康に悪いような誤解を生んでいる。今回は日本酒造組合中央会で発表されていることを中心に日本酒が健康に良い理由を説明しよう。

まず、よく言われるのが日本酒は糖分が多くカロリーが高いので糖尿病になるとか、肥満になるというものである。まず、どんな酒でもカロリーはアルコール一mgにつき七キロカロリーである。日本酒が特段に糖分やカロリーが多いわけではなく、日本酒の糖分やカロリーが糖尿病に良くないというのは全くの誤りなのである。逆に、日本酒には血糖値を下げるインシュリンのような物質が含まれている。また、アルコール自体にもインシュリン感受性を改善する効果があり、1日あたり1合強から2合弱飲酒する人は、全く飲まない人と比べて、糖尿病の発症リスクが約六〇%も少ない。ただ、タバコを吸う人には効果がないらしく、酒とタバコは糖尿病の発症リスクを逆に上げてしまう。肥満に関しては、アルコール中毒者が皆痩せている通り、酒のカロリーは蓄積されないカロリーであり、ツマミさえ食べ過ぎなければ肥満になることはない。デブの原因は締めにラーメンを食うからだよ、そこのあんた！

日本酒には、アデノシンという物質が他の酒より多く含まれていて、血管収縮を阻止して、善玉コレステロールを増加させ、悪玉コレステロールを低下させる作用があるので、狭心症や心筋梗塞、脳血管疾患を予防する。また日本酒は高血圧も予防する。アデノシンと共に酒粕の中からは血圧の上昇を抑えるのに有効な物質が六種類も発見されているのだ。このアデノシンは、ストレス軽減、抗鬱病や精神安定にも効果がある。

日本酒はなんと、癌予防や抑制、癌への抵抗力をつけるのに効果がある。日本は、世界的に見ても肝硬変、肝癌の死亡率は低い国である。これは日本酒を飲むからである！日本酒には有機酸、糖分、アミノ酸、ビタミンなど百種類以上もの成分が含まれていて、それらの成分の中に、癌細胞の萎縮や壊死の効果を示すものがあるそうだ。また酒全般に言えることだが、毎日飲酒をする人が、飲酒をしない人に比べて胃癌や腸癌のリスクが低いというデータもある。

日本酒は、女性が発症しやすい骨粗しょう症や筋骨格系の病気も予防する。骨が脆くなるのを防ぐのに有効な成分が、日本酒の麹や酒粕から三種類も発見されている。また、年齢に関係なく女性の適量飲酒は、リウマチ性関節炎の発症率を下げる。ていうことは……、酒粕ツマミにして酒呑んだら最強ということになる。筋力テストにおいても、適量飲酒者は全く飲まない人と比べて明らかに優れているらしい。そう言われてみれば、テレビの『警察二十四時』に出てくる酔っぱらいの力が強いこと強いこと……

年を重ねると気になるのが、物忘れや認知症である。これらを予防する効果も日本酒にはあるのだ。日本酒は、血液を固まりにくくするウロキナーゼを増やし、血液を固まりやすくするトポキサンチンＡ２を減らす。血管を通り易くすることが、脳細胞に酸素や栄養を送りやすくし、記憶力の向上だけでなく、認知症も改善するのである。血管を丈夫にすることが老化抑制になるのである。その他、日本酒は肩こり、冷え性、アトピー性皮膚炎を予防したりする。

というように、日本酒はとても健康に良いのだということが分かっていただけたはずである。研究結果の中には、適量飲酒者は全く飲まない人と比べて病気による欠勤が少ないとまでいわれている。そういえば、酒呑みはあまり風邪を引かない。

私は何十年も風邪を引いた記憶がない。まさに、酒は百薬の長なのである。『馬鹿は風邪引かない』とは違うよね？

よく、講座で「酒の適量はどのくらいですか？」と訊かれるが、人によって違うが『酒は一合、女は二号まで』と高田純次さんも言っていると答える事にしている。

sake23.寿司屋で呑むもの

昔は寿司といえば高級であるという認識が当然であり、誰もが気軽に食べられるという代物ではなかった。私は寿司屋の息子だったけれども、当然毎日寿司が食べられたわけではないが、一般家庭に比べれば何十倍も食べる機会は幼少の頃からあったであろうと思う。寿司が食事として出てくるのは、むしろ母親が店で忙しくて食事が作れない時であった。当時から寿司職人が何人もいたので、寿司は母親の手が空くのを待つよりもずっとスピーディに作られて出てきた。さすがファーストフードの元祖である。私は寿司が嫌いではなかったが、温かいものが食べたい時は、寿司の冷たさに暫し閉口した。また、よく鰻丼と偽って出て来たのが、酢飯の上にツメ（タレ）を塗った穴子がいっぱい敷き詰められた穴子丼で、実を言うとこれが大嫌いだった。私の目には鰻丼と似ても似つかぬ単なるまがい物にしか映らなかったからだ。今では食事に穴子丼が出てきたら小躍りして、ビール大瓶二本くらいはあっという間に空けてしまうであろう。

小学生の頃、友達からは毎日寿司が食べられて羨ましいと誤解されていた。何故なら、友達が家に遊びに来ると必ず寿司が出てくるからだ。うちには元よりお菓子というものが無いので（私がお菓子を一切食べない）、手っ取り早くオモテナシできるのが寿司しかなかった。私はとても恥ずかしかったが、紛うこと無く友達は皆大喜びしていた。何十年か経った後の学年同窓会で、男女何人もの同級生に寿司が美味かったと想い出を語られたが、名前も顔もさっぱり思い出せぬ者が数人含まれていた。お前らは一体何でうちの寿司を食ってんだ？

高級だった寿司も、今は安い回転寿司があって大衆化し、誰もが気軽に楽しめるようになった。とても良い事であるとは思うが、日本の伝統的な寿司文化は残念ながら完全に崩壊している。回転寿司の多くの店舗では、仕込みが全て終了した段階で納品されるから、包丁を一度も握った事がない寿司職人か、または包丁を一度も握ったことがないロボット（当たり前）が寿司を握っている。また、伝統的な寿司よりも天ぷら寿司や炙り寿司、マヨネーズがかかった寿司などに人気がある。実は私も回転寿司には時々行くが、主にそっち系を中心に食べる。美味い不味いというよりも、生魚の素性が不安で怖くて、自然と加熱されたものに手が伸びてしまうからだ。だって見た目が、私の知っている寿司タネ（ネタはとは言わない）とはどう見ても違うから。

寿司の食べ方は基本的に自由だけれども、一つだけ我慢のならない食べ方をする人がいる。それもかなり多くの人がしていて、みっともないから今日からでも直して頂きたいと思う。寿司をつかむのは手でも箸でも良いが、寿司はタネ（魚）の方に醤油をつけて、タネの方を舌に乗せて食べるのが基本である。シャリ（ご飯）の方を醤油にドボンとつける人がいるが、シャリが醤油を吸ってしまいボロボロと崩れてしまうので、醤油皿がご飯粒だらけになりとても汚らしくなる。店員は『シャリを醤油につけるからですよ』と教えてあげたいのを我慢して、新しい醤油皿に替えてくれるが、これは子供が汚く食い散らかしている様で非常に恥ずかしい。しかも、シャリが醤油をよく吸うので、通常の三倍の速さで醤油が無くなっていく。店員は

『シャリを醤油につけるからですよ』と再び教えてあげたいのを我慢して、こまめに醤油を注いでくれるが、これもまた恥ずかしい事である。結果として、醤油を過剰に摂取し過ぎた為に、夜中に口や喉が異常に渇くといった事態になって、もがき苦しむのである。そして高血圧になって死ぬのである。

寿司を食べる正式な順序は実は無い。ギョク（玉子のこと、死語）で始まりギョクで終わるという人がいるが、これはハッキリ言って超が付くほど恥ずかしい。もし本当にやってる人を見たら、衝撃を受けて（笑えて）失神するかもしれない。だって、どんな意味があるのか全く理解できないから。その店の玉子を味わえば寿司の味が判るという人がいる。「うーん、さすがにここのギョクは美味いねえ！」などと張り切って褒めても、自前で焼くのが面倒臭いから玉子焼屋から買ってきている店もかなり多いので、引きつった顔で「ああ、そうすか、うまいすか……」と苦笑いされるだけである。また、店で焼いていたとしても一番下っ端に焼かせているのが普通で、いくら美味いからといって玉子ばかりを褒めていると、大将が「おい、お前の玉子がうまいってよ。よかったな！」と、奥にいる下っ端に投げやりな台詞を吐いて、プイとへそを曲げる可能性もある。こうなるともう誰の得にもならない。まあ普通は、『二回も玉子を食ってる暇があるならその分普通の寿司を食えばいいじゃん、その方がよっぽど店の味が判るよ』と思われるだけであろう。

食べる順序は特に無いとは言ったものの、私は大抵白身から始める。白身を食べればその店の仕入れや魚に対する扱いが分かるからだ。白身はコリコリとした歯ごたえがあって、身の活きているものが鮮度が良く最高である。勿論天然物なら尚更良い。酷く落胆させるのは昆布締めしかない店である。昆布締めは大好きだけれど、白身が昆布締めだけなのは些か問題なのである。昆布締めとは基本的に前日か前々日の残りで仕方なく作るものであり、昆布締めの在庫があってもそれとは別に鮮度の良い白身を毎日仕入れるのが普通である。昆布締めしか無いのは今日の白身の仕入れをしなかったという事であり、それを『仕事がしてある』などと重宝がる輩がいるから、毎日新鮮な白身の仕入れをしない体たらくな寿司屋が出てくるというわけだ。

白身の次に食うのが光物で、これはただ単に好きだからというのもあるが、酢の締め具合が良ければ店の評価も上がる。その後は旬のものを中心に適当に食う。終盤に穴子が食べたくなるが、大抵はがっかりする事が多いので、他人が食べていて余程旨そうな時にしか注文しない。最後にトロ鉄火を細巻で六貫落としにしてもらって締める。そういえば、最近、肉系の店で流行りの『熟成なんとか』っていうのが、寿司屋でも魚を使ってやっているようだが、そういう店はとてもじゃないが信用できない。腐敗と熟成は表裏一体であり、素人が菌を軽んじるほど怖いことはない。

さて、寿司に合う飲物は何だろうか？ワインの内、鉄分が多いものは生臭みが出る可能性があることは後述の『生牡蠣に合う酒は本当のところ……どれよ？』で記してある。しかし、鉄分の少ないワインも数多くあるし、リースリングやヴィオニエなどは生魚との相性も良い。赤貝のヒモ、帆立のヒモ、数の子、子持ち昆布さえ避ければワインは全く問題ないのである。また、ガリ(生姜)がワインと寿司の相性を取り持つこともあり、寿司の上にガリを乗せてワインと合わせると画期的にマリアージュすることがある。寿司に日本酒が合うという人がいる。その理論は寿司も米で日本酒も米だからというものである。なるほど、葡萄をつまみにワイン、リンゴをつまみにカルヴァドスやシードル、蕎麦には蕎麦焼酎、焼き芋に芋焼酎？パンをつまみにビールか麦焼酎？うーん……。

もし私が本気で高級寿司屋に行くとしたら、最初に白身の造りと吟醸系の日本酒を冷酒で注文し、ぐいっと一杯やった後、すかさず燗酒をつけてもらい、暫く旬のツマミを頂く。その後、締めとして寿司を食うが、酒は一切呑まずにお茶だけにする。『酒は米の料理を食べながら呑むべきものではない』と辻静雄さんが言っていたのを後で聞いて、同じ事を思っている人がいるのかと驚いた。

sake24.北陸三県の酒の特徴とストリップ（途中から十八禁）

日本酒の地域特性はワインのように明確ではないが、北陸三県（富山、石川、福井）は同じ日本海に面し近接する県であるのに、酒質がかなり異なっていて中々面白い。一言で言えば、富山は端麗辛口、石川は濃醇、福井はその中間である。

富山県は毎年調査されている国税庁の統計にも最も辛口の酒を作る地域として常連の県である。一九八七年にアサヒスーパードライが出てから、日本酒も辛口ブームが続いているが、富山はそれより遥か前から辛口の酒を造っている。氷見のブリやホタルイカ、マスなど新鮮な魚介類がとれることから、さっぱりとした淡麗辛口の酒が好まれてきたのであろう。また北アルプスからの清冽な水が湧き出ている事や、原料米に山田錦と五百万石の使用割合が最も多いことも起因している。

石川県といえば山廃仕込み（山廃酛）の酒が有名で、一般に濃醇で酸味のある酒が多い。日本酒は、デンプン（米）をブドウ糖に変える麹菌と、ブドウ糖をアルコール（日本酒）に変える酵母菌の二つの菌の同時リレーで造られる。タンクに仕込む前に、麹菌も酵母菌も予め大量に培養しておく必要がある。麹菌を培養する事を麹造り（製麹）といい、酵母菌を培養する事を酒母造り（酛造り）という。酒母造りには大きく分けて生酛系酒母と速醸酛があり、山廃仕込み（山廃酛）は生酛系酒母の一つである。我々は常にあらゆる雑菌に囲まれて暮らしている。酒造りの環境においても、原材料の水や米だけでなく、空気中にも、建物にも、当然人間の手や唾や汗、衣服にも多種多様な菌が生息している。酵母菌は弱い菌なので、雑菌が存在する中ではうまく増殖できない。そこで、通常我々が呑んでいる酒の殆どは酒母造りにおいて、市販の乳酸を添加して乳酸の強い力により雑菌を一斉に成敗しておいてから酵母を添加して健全に増やす方法をとっている。これを速醸酛といい、通常十から十四日という短い期間で酒母ができる。速醸酛の酒は、比較的優しく淡麗な酒に仕上がる傾向にある。一方、生酛や山廃酛の酒母造りは、様々な菌が淘汰されながら、自然に乳酸菌が繁殖して、その乳酸菌が作り出す乳酸で殆どの菌を死滅させるという方法をとる。最終的にはその乳酸菌も自ら作り出した乳酸によって死滅し、その後酵母が健全に増えていく事となる。生酛系酒母は出来上がるまでに三十から四十日程かかる。自然に乳酸を作り出すため、速醸酛と比較して圧倒的に乳酸が高く生成されることと、また酒母造りに長い期間を要することから古酒の風味が付くとも言われ、一般に濃醇で酸味のある酒が多くなる。生酛や山廃酛の違いは各論あるが、一般には生酛仕込みで行われる櫂で米を潰す作業（山卸し）をしない（廃止）作り方が山廃酛（山廃仕込）と言われているが、実際はそんな単純なものではない。

石川県の多くの酒蔵が山廃仕込で醸造するようになったのは、昭和四十年代に菊姫の農口尚彦杜氏が丹波杜氏から学んで山廃仕込を始めてからであるが、元々この地の酒は昔から濃い味の傾向にあった。富山県と同様に新鮮な魚介類の取れる石川県なのに、なぜ濃い酒が作られていたのであろうか。諸説あるが、一つには、特に能登半島の農村や漁村は冬場の寒さが厳しく、農業や漁業ができなかったため塩分の多い保存食が多く、濃い酒との相性が良かったとか。または、石川県は江戸時代から加賀百万石という裕福な藩であり、京都や江戸から様々な料理が伝えられていて、食文化の幅が広かったことから、酒のタイプの幅も同様に多様性があったとも推測されている。また、前田利家公は、尾張国海東郡荒子村（現・名古屋市中川区荒子）の出身であり、造り酒屋の加賀鶴（やちや酒造）は殿様専用の酒造りのために尾張から移住してきたというから、赤味噌文化である尾張や三河の濃い酒の造りが脈々と受け継がれているともいえるのではないだろうか。ちなみに加賀も昔から赤味噌文化圏（米味噌だが）である。

〈ここから十八禁〉

ところで石川県といえば温泉であり、加賀四湯（粟津・片山津・山代・山中）が有名である。私も従業員慰安旅行などで何度も訪れている。夜六時になると宴会が始まり、カラオケを立て続けに何曲も唄う者やコンパニオンを必死で口説く者がいるかと思えば、早々とゲロを吐いて便所とお友達になる奴、さっさと部屋に戻って寝るパートのオバサンなど様々である。このグダグダの宴会は、私が最後にカラオケで『あんたが大将』をハンドマイク片手にモノマネ入りで唄い、各本支店の大将を罵倒して締めるのが常であった。その後、従業員は館内のゲームセンターや卓球に興じたりしているが、九時を過ぎると皆フロント前にフラフラと集まってくる。その内の一人が待ちきれない様子で「へへへ、お代官様、今宵は如何いたしやしょう……」と私に言ってくるのだ。「それじゃ、毎年恒例のあれいくか？」と言うと、従業員は小躍りし、早速私はフロント係とナイショ話を始めるのである。フロント係は「いい処がありますよ、だんな！」と目配せをして、ホテルのマイクロバスをサッと手配してくれる。バスは十数人を引き連れ、街灯のない真っ暗な道を颯爽と突き進むのであった。「ス〜ポットライトにぃ〜照らされてぇ〜♪　そ〜ろりそ〜ろりと帯を解くぅ〜♪　かぶりつきのぉ〜若いお兄さん♪　ゆっくりみてね〜♪ハ〜イドーゾ〜♪（作詞作曲：山本正之）」と、私はバスの中で笑福亭鶴光の『鶯谷ミュージックホール』を唄いながら場を盛り上げていると、バスは十分ほどで場末感満点のストリップ劇場の前に停まるのであった。まあ大抵の温泉街のストリップは、二〜三人の年配の踊り子さんがローテーションで、適当にフラフラ踊っては適当にパカっとやって引っ込むという代物で、こっちから無理矢理に盛り上げなければならず、その為終わった後の脱力感が毎回半端ではないのだ。ところがこの時は違った。私はまさかこの北陸の地で、あれ程の神業を観るとは思いもしなかったのである。踊り子さんは予想外のキレキレな踊りを見せた後、まずは局部で音楽に乗せておもちゃのラッパをプーパープーパーと吹く。驚いていると、リンゴをさっと取り出し、局部からピンと張ったタコ糸で切りだした。それも、スパッスパと勢い良く切る。圧巻は、局部にストローのような細い筒状の物をあてて、十m以上離れている客に向かって「はい、あなたのとこいくわよ～！」と言い、筒にタバコを装填、局部の圧力で発射して、見事にその客に着弾させたのであった。万雷の拍手の中、その後も「ハッ！」という声と共に、遠い客やらすぐ前の客やらに次々とミサイル（タバコ）を勢い良く連射して命中させ、もう場内は狂わんばかりの歓喜の坩堝と化したのであった。気が付くと感動のあまり熱い涙が私の頬を伝っていた。やはり流石！加賀百まん石である。

sake25．人は甘辛さえも判断できない

人は酒を呑むとまず最初に甘辛の判定をしたがる。「この酒は甘いねぇ～」とか「この酒は辛い！」とか。まあ、甘辛以外の複雑な香りや味を、普通の人は言葉で

表現できないから仕方ないのだが……。例えば、誰かが新潟などの酒処に旅行などに行ってきて、呑んだお酒の味を説明しようとしても「辛口で、するっと呑めた」だの、「サラッとして、喉に引っかからん」だの、終いには「もう兎に角、辛口で美味しかったの一言に尽きる！」だのと、『兎に角辛口で、兎に角辛口で……』と全く意味を為さない言葉を押し付けてきて困るのである。

だが残念ながら、その胸を張って言い放った『辛い』とか『甘い』でさえ、実はほぼ九割程度の人が判別できていないのをご存知だろうか？そう、あなたの事である。最近は、腹が立つほど辛口ばかりを要求する人は少なくなって来たが、以前は『もっと辛口、もっと辛口』という人が結構沢山いたのである。そんな時、『あなたの言う辛口って、いったいどういう酒のこと言ってるの？！』と、実はほぼ１００％の確率で唎酒師は怒鳴りたい気分なのである。つまり、人によって辛口の定義が曖昧で、辛口とは、①さっぱりしている酒、②逆にどっしりコクがある酒、③アルコール度数の高い酒、④フルーティーじゃない酒、⑤ピリッと辛味がある酒と、まあ人によって様々なのだ。

さあ、皆さんにとってはどれが辛口だろうか？残念ながら、今掲げたものはどれも辛口とは関係ない。辛口の酒とは、酒を飲んだ時の余韻で、『甘味がスッと早く消える』のが辛口の酒で、『甘味が口の中で暫く残る』のが甘口の酒となる。一番間違い易いのが『フルーティーじゃない酒』である。これを理解しない人が実は九割以上いる。逆に言い換えれば『フルーティーな酒は甘い』と思っている人がほとんどである。はい、そう、あなたの事である。

『吟醸酒はすべて甘い』と言い切る人が驚くほど沢山いる。その経験を踏まえ、私は日本酒講座の初日にフルーティーだが極辛口のアルザスのワインを出すことがある。で、アンケートをとると、九割から酷い時なると全員がこのワインを甘口と判定する場合がある。これは、本能的にフルーツの香りが甘いと感じてしまうためである。実際フルーツは甘いから脳がそう判断するのはやむを得ないことであるが、フルーティと甘辛を分けて考えることがきき酒の第一歩かもしれない。

昔と違い、最近は沢山の種類のお酒を扱っている飲食店が多くなってきた。酒の種類が多いという事は、客は自分の味覚に合った酒をなるべく選ぼうとする。時々、日本酒バーなどで『もっと辛口！もっと辛口！』という言葉を耳にする。私はお店の人が可哀想になって『そんなに辛口飲みたきゃ、ウオッカでも呑んどきなさいよ！あなたは日本酒が嫌いなんだよ！』と、横から援護射撃したくなることがある（実際は凍った表情で見てるだけだが……）。日本酒はワインほど甘辛の幅がないから、次から次と辛口を要求されても無理なのである。

私の経験上、辛口！辛口！と煩い人はかなりの確率で実は年配者に多い。人は老化によって甘味を感じる度合いは変わらないものの、酸味を感じにくくなるという傾向がある。酸味を感じなくなると、甘味を強く感じてしまうのだ。酒が甘いと感じ出したら、老化現象が起こっている可能性があるかもしれない。また怖い話であるが、ある人が『何でも甘く感じる』という味覚障害になり、検査したら白血病だったということがあるので、あまり酷く辛口！辛口！と自分が言い出したら、一度検査した方がいいかもしれない。

sake26.燗酒の魔女あらわる

私は女性が怖い。その原因は幼少の頃に遡る。私の家の斜向かいにはバス通りを挟んで公園がある。小学三年生の頃、私と友人は一年二年上の女子三人に突然囲まれて、こう言われた。

「ここは南明公園だから南明町に住んでる人しか遊んじゃダメ！あなた達は丸山町だからここで遊ばないでよ！あっち行って！もう絶対に来ないで！」

私は友人と共に『生まれてからずっと遊んでいる公園なのにぃ……なんで……』と思いながらも、口答えできず、汗を拭うフリをしてそっと袖で涙を拭いた。考えてみれば、彼女たちの言う理論なら、すべての町に公園がなきゃいけないということになるなのだが、馬鹿な私達はそんな事には気づかずに、ずぶ濡れの負け犬の様にトボトボと帰路につくのであった。女性が怖い。

小学六年生の時、体育の授業の着替えで、ある女子にハミキン(はみ出し金玉)を見られた。その後、事あるごとにその女子は「ヘッヘッヘッ」と言いながら、ニヤニヤした視線で私の事を見るようになった。私は完全に、心の奴隷となってしまったのだ。『いっその事殺してくれ！』と、何度懇願しようと思ったことか。女性が怖い。

また、中学三年生の事である。テスト結果を返された時に、アホのくせにちょっとばかり点数が良かった私は、「わっ、よかったぁ」と思わず呟いてしまったのである。その時、隣席の憧れていた女子が「へえ、そんなに良かったの？みせて！」と、私のテストをサッと奪い取ったのだ。悲しいことに、私は七十点で、彼女は九十点だった。点数を見た彼女の嫣然と笑った横顔は、とても輝いて美しかったが、私には人生の終末を意味した。女性が怖い。

　高校は男子校だったので、三年間平和な生活を営んだが、残念ながら浪人してしまった。河合塾に通っていた私は、少し気になっていた女子と、エレベーターで一緒になった。彼女は友達との会話で、「やっぱり男は身長１７３《センチ》以上なきゃね〜！」と言う。私はギリギリ１７３《センチ》あったので問題はないが、如何せん一緒にエレベーターに乗っていた私の友人は１６０《センチ》だったのだ。彼はその場で膝からガクリと崩れ落ちた。私は背中を擦り『涙をふけ』と汚いハンカチを貸してやった。女性が怖い。

　最近は山の神（妻）が事あるごとに私を苛める。ある家呑みの時の会話である。

山の神「まるお！ほうれん草のお浸し食べる？」

まるお「うん食べる」

　ところが、最後まで『ほうれん草のお浸し』は出てこなかった。

まるお「あれ？そう言えば、ほうれん草のお浸し出てこなかったね」
山の神「あんた忘れてたでしょう」
まるお「ええっ？忘れたのはオレじゃなくて、そっちでしょ？」
山の神「（強烈な勢いで）だったら、まだ出てないって、なんで早く言わないの！」
まるお「す、す、すみません……」
　というわけで、私は女性が怖い。だからといって男性が好きなわけでは断じて無い！
　そんな事もあって、実は女性が独りで営業している飲食店には、全く行くことができない。客層が男性ばかりで、女性店主が目当てなのが一目瞭然のお店の場合は特にダメなのである。お店に入ると、先客がこちらを一瞥し、『なんじゃゴラッ！みーへん顔やな。どこぞのもんじゃ！』と、言っているような気がして恐怖を覚えるのだ。なので、『あっしは通りすがりの旅芸人で、店主との会話は最初からご遠慮させていただきますから、どうぞどうぞ皆様でお好きにおやりになっておくんなまし』という雰囲気を全面に出し、店主から質問される以外は一言も喋らず、お酒とお料理を純粋に頂いて、もう二度と行かない（行けない）という結末がほとんどである。しかも、時々お客さんに対して店主が怒っている姿を見ると、自分も行く末はあのように磔獄門の刑に処せられるのでないだろうかと、少し漏らしちゃいそうになるのだ。なので、もしも二回以上行っているお店があったなら、それはそれで私にとっては奇跡に近い凄いことなのである！

錦三に美しすぎる女性唎酒師が独りでやっている『小料理 Bar 結』という日本酒バーがあるが、ここにはなんと珍しくも複数回お邪魔している。なぜこの店が気に入ったかといえば、まず第一に日本酒の選定に確固たる理念というか世界があり、何者にも媚びてはいないのである。これはプロが見れば分かるいぶし銀の世界なのである。さらに驚くことには、燗酒が超旨い。その酒の一番美味しい温度を、ピッタリ狙い撃ちして、『もうこの温度しか許しません！』ぐらいの勢いで出てくる（実際は優しい笑顔で『どうぞ』と出してくれる）。これより高い温度でもダメ、低い温度でもダメという、まるで、部屋の壁の穴に野球のボールを投げ、庭の木に跳ね返ってまた部屋に戻ってくるという、あの星飛雄馬のようなピッチング……、じゃなくて燗酒温度なのである。（例えが長くてすみません）

よくいい酒はぬる燗でと言って、何でもぬるくつけるたがる店があるが、私は酒の数だけ冷燗の温度も違うと思っている。特に燗酒の最適温度には方程式も理論もなく、ただ実践あるのみだと思う。このお店も、たぶん様々な温度帯を試されて燗温度を決めていると思うが、これは誰にでもできることではなくまさに魔術師、いや美しい女性だから妖精？　ちょっとそういう感じじゃないなぁ（失礼！）。んじゃ魔女かな？美魔女だと違った意味になちゃうよねぇ。

　ここは、おつまみもかなり凝っていて美味しいので、お酒がとても進んでしまう。このお店の店主は絶対私に魔法をかけている！だって、帰る時はふわふわ雲の上を歩いているもん。

sake27.最初に好きになった日本酒

日本酒が好きになったきっかけをよく訊かれる。大学生だった昭和六十年頃、居酒屋では日本酒よりも焼酎が人気で、『純』『樹氷』などの甲類焼酎を中心に、酎ハイやサワーなどが主流となっていた。また、カフェバー全盛期でもあり、普通のカクテルだけでなくトロピカルカクテルまでもが居酒屋のメニューに入り込んでいて、平気でブルーハワイ呑みながらホッケ食ったりしていたのである。まあ、ペンギンがビールを呑む時代だったから仕方ないね。一方、日本酒といえば、まだ一級二級といった等級制が存在していた。酒といえば大抵熱燗の事を指し、完全に酔っぱらいジジイの飲み物で、特にボディコンの女性からは『くっさぁーい』と言われて嫌われていた。冷たくして呑む酒はまだ珍しく、冷酒で呑んで美味い酒のことを冷用酒などと言って特別扱いしていた。吟醸酒ブームはまだ少し先の話で、越乃寒梅だの剣菱だのという銘柄が幻の酒として重宝されている頃だった。

であるから、当然居酒屋さんに日本酒の銘柄は少なく、メニューの片隅に『お酒一合 二合』と書いてある程度で、大抵は大手メーカーの酒を何の疑問もなく呑むことになる。そんな時代なのに、やっぱり東京は大したもので、全国の吟醸酒がたくさん置いてあるお店が存在していたのだ。渋谷のセンター街に『祭ばやし』という居酒屋があった。酒のメニューに日本地図が描かれていて、北は北海道の『男山』から南は九州熊本『美少年』まで相当な数の銘柄が地図に書き込まれていた。当時全国の美味しい酒が呑める店は皆無であったので、私はこの店の常連と化してしまったのである。南部杜氏の造る東北の酒が気に入り、『一ノ蔵』『秀よし』『出羽桜』などを中心に呑んでいた。特にハマったのは『出羽桜』で、『大吟醸』や『春の淡雪』を最初に呑んだ時のあの半端のないフルーティーさは、頭を一升瓶で百回ぶん殴られたくらいの大革命であった。この経験が、まさか今後の私の人生に影響するとはその時は思いもしなかったが。

いつも一緒に『祭ばやし』で酒を呑んでいたのは、その後共に卒業旅行に行った例のS君である(他に友達おらんのか? おらん！)。渋谷で呑んだくれて終電が無くなると、そこから松濤の高級住宅街を通り抜けて、井の頭線沿いをダラダラ歩く。なんとか明大前駅に辿り着き、朝までやっているビリヤード屋で四つ玉をして遊んでいると、時々そこの親父が気の毒がってご飯をご馳走してくれたりする。そうして夜を明かして、始発の電車で帰るという事も度々あった。

余談だが、当時ビリヤードは、映画『ハスラー』の影響でとても流行っていた。ポケットに球を落とすポケット式のほうが断然の人気であったが、私達がやっていたのはキャロム式(通称四つ玉)という、ポケットのない台で行うものであった。素人がやるにはポケット式は当たるも八卦的な所があって楽しい。当時、キャロム式は偏屈なオッサンがやる地味なビリヤードという印象があり、若者でやっている者はいなかった。ところが、このキャロム式は地味な分、極めて理論的なテクニックと正確なショットが要求されるので、腕を磨けばビリヤード（ポケット式も含めて）が格段に上手くなるのだ。

そうそう、ビリヤードといえば……、高校の友人が連れてきた女友達二人と四人でビリヤード場に行った時の事を思い出した。当然流行りのポケット式だったのだが、私はあらかじめ女性達に「俺は上手いよ」と公言しておいた。実際ナインボール（ポケット式のゲームの一つ）を始めると、私の連勝に次ぐ連勝であった。女性の一人は初対面の私に対して「つまらない！」と言い放ち、額に縦皺を表し不貞腐れていた。逆切れしやがって！まったく可愛げのない失礼千万な女だと思った。ご想像どおり、この女が後の妻である。ああっ！逆切れはこの頃からかっ！今初めて気づいたわ！なぜ、あの時気づかなかったんだろう。俺のバカバカ！

さてと、話は酒に戻る。S君は、『祭ばやし』で日本酒の旨さに感動して目覚めてしまい、自宅でも吟醸酒を常備することにした。何やら近所に旨い地酒が置いてある酒屋があるとかで、青森の『駒泉　真心』をいたく気に入っていた。彼のアパートに行くと『駒泉　真心』を呑ませてくれて、『真心という名前が素敵だぁ。この酒には真心が籠っている！』との彼の講釈に、私はうんうんと頷きながら呑んでいたことを覚えている。穏やかな吟醸香があり、清らかで柔らかな水を感じる優しい味の酒である。

私は大学を卒業してからホテルに三年半ほど就職し、家業の寿司店の別館オープンを前に開業準備のため強制送還させられる。日本酒選定の際に、是非S君の愛した『駒泉　真心』を置きたいと考え、蔵元から直送してもらうことにした。

開店後のある日のこと、お客様から酒の銘柄について訊きたいことがあるから座敷に来て欲しいと言われる。

お客様「この駒泉という酒はどうしたの？」

まるお「青森のお酒で……」

お客様「そうじゃない、なんでここにあるの？」

まるお「えっ？私が学生時代に好きで呑んでいた想い出の酒です」

お客様「この酒は東京より西には流通してないはずだよ」

まるお「蔵元に電話して無理を言って譲ってもらいました」

お客様「実は、私はこの蔵の息子で、跡継ぎは兄だが私は名古屋の会社で働いている。まさか、名古屋で自分の家の酒が呑めるとは思いもよらなかった！感動したよ」という感じの会話があって、それから長きにわたりその方にご来店頂き、大変お世話になった。数年間は取り扱っていたが、その後この酒とは出会ってはいない。

ところが、先日青森に行く機会が出来て、駒泉（株式会社 盛田庄兵衛）を訪問しようと電話をかけた。運良く社長さんが電話に出られて、私は熱き思いの丈を怒涛のごとく述べたが、社長さんは代替わりされており、しかも何分昔のことなので話が通じない。社長さんは鼻息の荒い私に、「いらっしゃる日は私はおりませんけど、お待ちしてます」と優しく声をかけてくれた。当日は番頭さんのような方がいらっしゃって、再度熱き思いを最初からお話したのだが、番頭さんは「社長から、誰なのかさっぱりわからんけど、歓待しておいてと言われました」と、満面の笑みで苦笑しきりだった。

sake28. 唎酒師は日本酒を当てられるのか？

ソムリエは、ワインの色・香り・味から、先ずは葡萄品種を特定して、さらに原産国、地域、畑、造り手、収穫年までを当てる可能性があるのだが、日本酒ソムリエとも言われる唎酒師は日本酒を同様に当てることが果たして可能であろうか？もし当てられるとしたら日本酒にもワインと同様の確固たる地域特性が必要となる。まず、ワインの地域特性はテロワールに集約される。テロワールとは葡萄が生育する地理、地勢、土壌、気候であり、同生育地の同葡萄品種で造られたワインは近い酒質を持つという特性がある。果たして日本酒にも同様の地域特性が有るのか？それとも無いのか？を検証してみよう。

日本は南北に細長い島国で、北海道と沖縄県ではかなり気候が異なる。基本的には、気温が高いほどよく発酵するので、アルコール度数が高めの辛口となり、味わいの多い酒となる傾向がある。高知がそれに当たる気がする。逆に、気温が低いとアルコール度数はあまり高くならずにサッパリとした酒になり、味わいも木目細かく大人しい酒になる傾向がある。東北地方がそれに当たるだろうか。しかし、昔と違って現在は空調設備が整っていて温度管理も自在であるし、気候と酒質に強い相関関係を見出だせないことは酒を呑むものなら誰しもがピンとくる筈である。

次にお水である。水は硬度により硬水と軟水とに区分される。カルシウム、マグネシウムの含有量が多いほど硬水で、少なければ軟水である。日本は何処で取水しても世界的にはかなり軟水であるが、酒造りの上で比較的硬水といわれるのが兵庫県灘の『宮水』である。宮水は発酵を促進させるカルシウム、カリウム、リンを適度に含んでおり、しかも酒造りには大敵な鉄分が極めて少ない。江戸時代後期に桜正宗の山邑太左衛門が発見して以来、それまで酒の銘醸地だった伊丹の酒蔵が挙って灘に引っ越してしまうほど酒造りに向いた水である。宮水と対比されて軟水だと言われるのが京都伏見の水で、宮水がドイツ硬度六～八度（アメリカ硬度一三〇）であるのに対し、京都伏見の水は三～四度（同六五）程である。軟水で造られる酒は、酒質が軽く柔らかな酒になることが多い。京都よりさらに軟水である静岡の水は一度（同一八）程度であり、確かに総じて柔らかい酒質の酒が多い様に感じる。日本酒の八十％は水である。大抵酒蔵は仕込み水に敷地内の井戸水を使用していて、その水を飲むとその蔵の酒の雰囲気を捉えることができるので、水は酒の味に極めて重要な役割を果たす。但し現在では、名古屋の有名なメーカーのように酒蔵敷地内で取水をせず、遥か遠くからタンクローリーで水を運んで使用している蔵もあり、残念ながら水が地域特性を表すとは必ずしもいえない。

よくその土地の食べ物にその土地の酒が合うという。古来からその地の名産品に合う味の酒が造られるのは、一種の自然の摂理であるのだろう。例えば、海に近い地域では鮮度の高い食材が流通するので、食べ物は全般的にあっさりとしており、酒もあっさりと淡麗なものとなる。富山、新潟、静岡などがこれに当たる。愛知は海に近いが赤味噌文化であるので、昔から濃くて甘みのある酒が造られていたが、現在は食の多様性やスッキリした辛口の酒が比較的人気であることから、造られる酒の味も多様化している。一方山間部では海から遠く、特に雪の深い地域では冬の間に食料品の調達が難しくなることから、海産物・野菜等は保存の為、塩分等を多めに用いた味の濃い食材が多い。長野や岐阜辺りでは、島崎藤村の『夜明け前』にも塩イカや嘗め味噌が出てくる。塩味は対比効果により甘味を引き立てる為、濃醇甘口の酒が昔から醸されてきた。しかし、現在は交通や流通が発達しており、何処でも新鮮な魚介類が食べられることから、長野や岐阜の山間部でも、軽快でサラリとした酒質の酒造りが行われている。

造る人（杜氏）によっても酒の傾向がある。全国最大の規模の杜氏組合を形成している南部杜氏は、やわらかく飲み口のきれいな酒を造るのが得意であるといわれる。越後杜氏は淡麗辛口で、飲み飽きしない味わいの酒を造る。能登杜氏は山廃仕込みで造る蔵が多く、濃くてどっしりした味わいの酒が多い。しかし、各々の杜氏は日本全国の蔵を渡り歩いて酒造りをするし、最近は自社で杜氏を育てる場合が多いから、杜氏による地域特性は限定的なものとなっている。

最も難しいのが原料（酒米）の影響である。まず知ってもらいたいのが、ワインと日本酒では発酵までの過程が明確に異なるということである。ワインは単発酵で、日本酒は複発酵である。単発酵とは分かり易く言うと、酒の起源である猿酒と同じ発酵である。猿酒とは、お猿さんが山葡萄やサルナシなどの果実を集め、隠し貯めて置いたものが自然の酵母の力で発酵して酒になったものである。アルコール発酵は、ブドウ糖などの糖分を酵母がアルコールと炭酸ガスに分解することをいう。ワインは原料が葡萄であるので、絞るだけでそのままブドウ糖が得られ、酵母菌さえ付けばアルコール発酵が起き、猿酒と同様の理論でワインになるのだ。従って、ただ単に原料（葡萄）が発酵しただけなので、葡萄の個性がワインの香味に直接反映して当たり前なのである。

ところが、日本酒は原料が米である。昨日食べ残したお茶碗のご飯が、翌朝にはなみなみと酒になっていたという経験は誰にもない筈である（あったら酒屋が潰れるわい！）。それは、米自体がブドウ糖ではなくデンプンだからである。但し、デンプンというのはブドウ糖が繋がった物質であるので、いわば鋏のような物でチョキチョキとブドウ糖に切り離してやれば良い。その鋏の役割を担うのが麹菌なのである。日本酒はワインと違い、麹菌によりデンプンをブドウ糖に替える作業が発酵の前段階にあり、その後ブドウ糖を酵母菌がアルコールに分解するという原料から二段階の工程を経ている。そのため、原料（米）の特徴がワインほど明確に反映されないのである。とは言うものの、一応酒米によって酒質の傾向があるので記しておく。酒米の王と言われている『山田錦』はフルーティな香りがよく出て、丸みのある柔らかな味わいとなる。『雄町』は香りは少ないが、味わいがハッキリしていてコクのある酒になる。『美山錦』は、香りはあまり出ないが、甘味があり米の味が出る。『五百万石』は、香りが仄かに立ち、滑らかで綺麗な辛口の酒となる。しかしながら、それは飲んで明瞭に区別可能なほど普遍妥当的なものかは疑問で、香味による論理的な判別は不可能に近いと思う。しかも、これらの品種は各地で栽培されていることが多く、異なった生産地の同品種の米を酒の香味から判別する事は不可能である。勿論、各都道府県で独自の酒米の開発も行われており、県特有の米を使った酒も多数発売しているが、これも同様に判別は難しい。

酒の香りは酵母の種類が大きく影響する。日本醸造協会が供給する酵母以外に、地方自治体が開発する酵母がある。同じく地方で開発された酒米と共に使用することにより、その地方特有の酒の香味を形成している。しかし、自治体酵母特有の香りを嗅ぎ分けるほどの明確な違いが認識可能であるとしても、かなりの熟練を必要とすることは間違いない。また、酒蔵に住み着いている蔵付き酵母もその蔵特有の香味に影響があるが、中には普段使っている協会酵母が舞い降りてきただけという場合もあり、明確に区別できるかどうかは相当困難であると思われる。

結論として、ソムリエがワインの品種や産地、造り手を理論的に当てるように、唎酒師が日本酒の原料品種や銘柄を、地域特性を基に理論的に当てるのは困難であるといえる。よく『ワインは農業製品で、日本酒は工業製品』と言われる。これは、ワインの出来不出来はテロワールを含む葡萄栽培の農業技術が命である一方、日本酒は緻密で巧みな微生物の管理の下に造られる工芸品であるという意味である。ただ忘れてならないのは、ワインは生産国によっては厳格な原産地呼称制度という法律に基づいて造られているということである。日本酒もその土地の水、米、酵母等を使用したものに原産地呼称を許可する法律でも定めれば地域特性が出るのかもしれないが、日本酒は日本酒であり、ワインと同様であるべきかどうかは議論が分かれるところである。

ん？まるおはどうかって？私はあなたと同じで……旨けりゃいいわ。

sake29.純米系しか飲まない人

日本酒には純米系と醸造アルコール添加系がある。純米系とは醸造アルコールを添加していない酒で、純米大吟醸や純米酒などという様に、名称に『純米』と付いている。純米と付いていない大吟醸、吟醸、本醸造などは醸造アルコールが添加されている酒である。

よく純米系しか飲まないという人を見かける。酒は嗜好品であるから何を好みとしようが自由なのであるが、正確な知識のもとに純米系を選択しているのか些か気になる。よく誤解されるのは、醸造アルコールが『石油から精製された工業アルコール』だと思っている人がいるという事だ。これは全くの間違いで、醸造アルコールはデンプン質物（穀物など）または含糖質物（サトウキビやトウモロコシなど）を原料として、それらを発酵させて蒸留した物であり、梅酒やサワーに使われているホワイトリカーの事なのである。純米酒しか飲まないと言う人は、梅酒やサワーも飲めない事になる。もう少し踏み込んで言えば、ウイスキーもブランデーもウオッカもジンもテキーラも焼酎も、デンプン質物または含糖質物を醸造して蒸留したものであり、いわば基本的には植物系を発酵させて蒸留したという同じ製法であるので、これらも一切飲めない事になる。ちなみに工業用アルコールを酒造りで使用することは食品衛生法で禁止されている。

また、醸造アルコールの添加が、日本酒の伝統的な製法ではないという人がいるが、これは全くの間違いである。酒に醸造アルコールを添加するという製法は江戸時代から行われており、『柱焼酎』といって焼酎を使用していた。江戸初期に書かれた『童蒙酒造記（※1）』に記してある伊丹流の造り方の項に、『一、焼酎を薄く取り、揚前五、三日前に一割程醪の中へ入る也。依、風味しゃんとして足強く候。焼酎香ハ醪に除く也（本書訳　焼酎を少し取り、上槽の五日から三日前に、一割ほど醪の中に加える。こうすると酒の風味がしゃんとし、日持ちが良くなる。焼酎の香りは醪によって取り除かれる）』と書かれている。『足強く』の部分の解説をウィキペディアは、腐造を防ぐ為や火落菌繁殖の防止と記しており、現在の醸造アルコールの使用理由とは違うと書いているが、それは完全に間違いである。何故ならば、腐造とは発酵中に起こる腐造乳酸菌の繁殖が原因であり、腐造となってしまった酒を上槽（醪を搾り酒と酒粕に分ける作業）した後、醸造アルコール（焼酎）を添加したところで何の意味も効果もないことは江戸時代の人間だって知っている。というか、腐造が判明した時点で、今行っている全ての酒造りを緊急に中止しなくてはいけないのに、のんびり上槽なんかしている馬鹿はいないのだ。また、火落菌はある程度のアルコール耐性があるが、醸造アルコール添加によりある一定の効果あるが、むしろ江戸時代には既に火落菌対策のために火入れ（加熱殺菌）という手法が確立されていて、そちらの方が断然有効なことも江戸時代の人は知っていたであろう。ウイキペディアは、腐造と火落と熟成の区別が全くついていないように見受けられる。基本的には、酒は古くなっても腐ることはなく、アミノ酸や糖分が変化し熟成して、いわばシェリーや紹興酒に近い風味なるだけである。童蒙酒造記の著者が言いたかった事は、『上槽の五日から三日前に、低めのアルコール度数の焼酎を一割ほど醪の中に加えると、酒の香りが良くなり味が引き締まる。さらには熟成しにくくなり、出来たときの味を保つことができる。入れた焼酎の香りは醪と共に取り除かれてなくなるから安心して下さい』と訳すのが正しい。江戸時代、江戸市中で上等な酒といえば、伊丹や灘の酒であった。樽廻船でも江戸までの輸送に平均二十日ほどかかったというから、なるべく熟成による酒質の変化を抑えたかったというのが実情であると思う。全く同じ理由で現代でも醸造アルコールを使用している典型的な例を次に上げる。

現在も醸造アルコールが大きな役割を果たしている事例は、一年に一度開かれる全国新酒鑑評会である。この純米系全盛ともいえる時代に、鑑評会出品酒のなんと約八十五％が醸造アルコール添加酒であるのだ。理由の一つとして、鑑評会の日程と出品酒の保存環境が上げられる。ある年を例に取ると出品酒の納入期限が四月二日で、予審が約二十日後の四月二十一日と二十二日、決審がその翌月の五月十二日と十三日であり、実はその間、出品酒は冷蔵設備のない場所に置かれることとなる。当然、比較的高い温度下に置かれる出品酒は、冷蔵状態に比べてアミノ酸と糖分が変化し、出品直後の香味とは徐々に異なっていくのである。醸造アルコールを添加すると、純米のままよりは遥かに熟成による変化を抑える事できる。

また、鑑評会用の酒に醸造アルコールを添加する理由には、もっと重要な意味がある。それは醸造アルコールを添加することにより酒の香りが断然良くなるという事である。現在、全国新酒鑑評会で金賞受賞する酒の傾向は、カプロン酸エチルの香り(リンゴ様のフルーティーな香り)が強くする酒であるが、通常は上槽するとこのカプロン酸エチルの香りの八十五%は酒粕に移ってしまい、酒には残ってくれない。醸造アルコールを添加すると、この良い香りが酒に残るのである。これは、酒の良い香りはアルコールには溶け易く、水には溶けないという性質があるからである。さらに、醸造アルコール添加の利点として、酒の味がスッキリ軽やかになる。無味無臭の醸造アルコールを添加すれば味は薄まるのは当然であると思われるが、ある研究者の分析によると糖類が七十五%程度、アミノ酸、乳酸、コハク酸、リンゴ酸などに九十%前後の成分の減少が見られるほか、鉄、銅といった金属類は大幅に減少することから着色も抑えられる。

結論として、全国新酒鑑評会に醸造アルコール添加酒が多い理由は、フルーティーな香りを最大限に引き出し、熟成による香味を抑え、味が軽やかで着色しにくい酒になるからである。これは、前述した『童蒙酒造記』に記された柱焼酎の文言と全く同じ意味ではないだろうか。ただし、最近は純米大吟醸で出品する酒蔵も増えてきて、その酒蔵が相当な技術力と自信を持って出品していることが覗え、私はとても良い傾向であると思っている。

また、醸造アルコール添加酒は臭いという人がいるが、醸造アルコール自体はほとんど無味無臭である。また、醸造アルコール添加酒は悪酔いするという人がいるが、醸造アルコール自体には悪酔いする成分はない。但し、精米歩合の高い酒（あまり精米してない酒）を炭素ろ過し、醸造アルコールと水で薄めて軽やかにしたような酒は悪酔いする。なぜなら、米の外側には体内で悪酔いする成分であるアセトアルデヒドに変化する物質が多く含まれているからであり、米をあまり削ってない酒は悪酔いし易い上に、わざと軽快に造ってある酒は呑み過ぎてしまうからである。

純米しか飲まない人は兎も角として、純米専門の店はどういう意図なのか図りかねるが、日本酒に対する誤解を招く事の無い様に祈りたい。日本酒がたくさん置いてあるお店で、本醸造や普通酒が堂々とメニューにあるお店は、私にとってはとても安心できる。店主が酒の知識もあり、酒の旨さを熟知し、酒をこよなく愛してるんだなってことが判るからだ。

※1　童蒙酒造記（著者未詳）　社団法人農山漁村文化協会発行　日本農業全集51

ワイン

sake30.絶滅危惧洋食と安ワイン

昭和の香りがする食堂の事を、我々ファンは愛を込めてノスタルジック食堂と呼んでいる。永年その街と共に生き続け、その街に必然とされてきた理由には、決して目には見えない確固たるその店独自の普遍妥当性が存在している筈である。それは変化への断固たる拒絶が成し得るのか、または流行への反駁なのか、いずれにしろ店主に深く刻み込まれたある種の強烈なパッションなのではないかと私は思っている。

ノスタルジック食堂が面白い所以の一つは、そこが洋食堂なのか和食堂なのかが、簡単には判別しづらいという点にある。とはいえ、まずは店名からある程度区別できる。『キッチン』や『レストラン』と名前に付いていれば洋食堂であり、また、『○○亭』というのにも洋食堂が多い。『○○屋』『○○食堂』『○○本店』は和食堂に多い名前である。

で、難しいのがメニューなのだ。『うどん（きしめん）』や『蕎麦』があれば和食堂で間違いないが、麺類のない和食堂も多くある。煮魚や焼魚、野菜などの惣菜を主とした和食堂には麺類がない場合がある。また、完全に洋食堂だと思われる店の中にも、『カツ丼』『天丼』『親子丼』など、うどん屋では定番の丼物がある店もかなり多い。この場合は、洋食メニューの比率や、丼物のメニュー表示順位などで判断する。

最も混乱させているのが、『とんかつ』と『カレーライス』である。これらは和食堂・洋食堂のどちらにもほぼメニューに登場する。両方とも外国から伝わり日本に定着した料理であるのだから、どちらの食堂で出されていてもおかしくはない。しかしながら、私は気づいてしまったのだ！とんかつやカレーライスを出す店が洋食堂なのか？和食堂なのか？ちょっとしたことで区別ができる方法を。まずカレーライスの場合は、同時にハヤシライスがメニューに存在すれば洋食堂で、なければ和食堂の可能性がある。とんかつの場合は、ソースにデミグラスがあれば洋食堂で、なければ和食堂という分け方ができるのではないだろうか。（どうだ！う～ん我ながら凄い分析力！）

また、洋食堂だけをみても系統がある。『ステーキ系』と『フライ系』である。ステーキ系は、ビーフステーキをメインにして、ハンバーグやフライを提供する。一方、フライ系はビーフステーキはメニューになく、とんかつやエビフライなど各種揚物をメインにメニュー構成がされていて、名古屋のノスタルジック食堂は圧倒的にこちらのフライ系が主流を占めているのである。

東区に名古屋屈指のノスタルジック洋食堂(フライ系)がある。ここで注文するものは決まっている。『スカロップ』と赤ワイン、もうこれしか考えられないのである。スカロップとは絶滅危惧洋食であり、滅多にお目にかかることができない幻の料理なのである。フランス語で薄切りという意味のエスカロップから派生していて、北海道の『エスカロップ』や福井にも『スカロップ』という似たような料理がある。

ここのスカロップは、注文してから出来上がるまでに三十分近くはかかる。それだけ手間がかかる料理なのだ。まず注文が入ってから、豚ロースを固まりから厚く切り出す。切り置きしておくと、肉が固くなってしまうそうだ。細かい衣をつけてバターでじっくりソテーしたポークカツに、デミグラスソースをどっぷりとくぐらせる。スカロップができる三十分の間は赤ワインを楽しむ時間だ。小さなワイングラスで、クイックイッと安い赤ワインを飲む。言っとくが、ここの赤ワインは安いけど、すごく美味い！三十分間でボトルが空になりそうなのを、なんとか料理のために残しておくのが苦労である。

料理が運ばれてくると、まず最初にスカロップのデカさに驚く。ナイフで切るとザクッザクッと心地よい音がする。全体がデミグラスソースでコーティングされているのにもかかわらず、衣は驚くほどサクサクとクリスピーで、旨みのあるソースと一体化しており、これがまた最高に美味しいのだ。

注文してから結構時間のかかる料理だが、この店はまったく退屈をしない。たった一人で行っても退屈をしない。何故ならば、ここの奥さんは、私が店に入ってから店を出るまで、ず〜っとお話しをしていてくれるからなのである。お店が忙しかろうが暇だろうが、ニッコニコでマンシンガントーク炸裂なのである。どんな話かといえば、至極個人的で取り留めの無い話が多く、先日家族でどこかに行っただの、故郷の宮崎から出てきた若き日の話だの、聞いててとっても楽しいし笑える話ばかりなのだ。で、こっちは「ふんふん、へぇ〜、ははは」などと言ってるだけなので、いつまでも聞いていることが出来てすごくラクなのである。あ、この店の名前はそこからきているのか！

sake31.仔羊とロックフォール

羊肉は世界の殆どの国で食べられている。地中海沿岸のヨーロッパ諸国のほか、アフリカ、中東、インド、東南アジア、オーストラリア、中国、モンゴルなど。日本では北海道のジンギスカンが有名なぐらいで普段の食事にはあまり馴染みがないのが実情である。そういえば、愛知県には三ヶ根山に山麓園という店が昔からあり、味噌樽を使った小屋でジンギスカンを食べる事ができる。小学生の頃、時々行ったことがあったが、山麓園という名前や独特な雰囲気から『ひょっとして山賊が出てくるのでは？』などと、妙にドキドキした記憶がある。つくづく脳味噌がファンタジーに出来ている。

羊肉の香りが苦手という人がいるが、私は今まで一度も臭いと思ったことはない。フランスやスペインなどでは、生後四週間から六週間の乳飲み仔羊を扱うこともあるらしいが、通常仔羊というのは、生後十二ヶ月までで永久歯が生えていない羊のことを言うのである。そういった仔羊は成羊と違い全く臭くはないと私は思うのだが、嫌いな人はそれでも『くっさ〜ぁ〜』と、岡八郎師匠みたいな事を言う。

さて、私が仔羊を決定的に好きなったのは、かつて旅行で南フランスのアルルに行ってからである。アルル(Arles)は、日本語で『アルル』と書くが、発音は喉に痰が絡んだ感じで『アハフ』と言う。日本人には特に発音が難しく、乗っている電車がアルルに止まるのか止まらんのかで、車掌と発音合戦になってしまい、『アルル』とか『ガルルルル』とか、車内が闘犬場みたいになってしまった。

アルルはフランスというよりも古代ローマの街であり、円形闘技場などの古代遺跡が多数ある。また、美人の街として知られ、道行く人が悉くみんな美人だ。私はテレカルト(フランスのテレホンカード)の使い方が分からなくて、偶然前を通った女性に声を掛けて教えを請うたが、あまりの美しさといい匂いに、電話ボックスの中で昏倒しそうになったのを覚えている。なんかの小説で『フランス女のいい香りがする』と出ていたのは、この香りか!と、異国の地でしばし意識が遠のく、まるお青年であった。

そんな事は兎も角として、私は昼食のためにアルルの小さなビストロに入った。ここは老夫婦が二人でやっていて、訪れる客は近所の人達のみだ。今は知らないが、当時アルルにやって来る日本人は皆無で、一人で店に入ってきたアジアの若者に、店の主は少し緊張した様子だったが、私がとりあえずフランス語でオーダーしたので、安心したようだった。

『Côtelette d'agneau a la maison et un verre de vin rouge s'il vous plait（骨付き仔羊の家庭風とグラスの赤ワインを下さい）』カウンターの向こう側にグリルがあって、おじさんがローズマリーと共に時間を掛けてじっくり焼いてくれる。出てきた料理は、香草をかけてただ焼いただけの仔羊のようだったが、当時の日本で食べる仔羊とは肉の旨さが全く違い、『やっぱり本場は違うなぁ～』としみじみと思った記憶がある。

実は最近になって、仲良しのお店が業態変更したため、気軽に仔羊を食べられる店が自宅に最も近い『ブラッスリー・イヴローニュ』のみとなった。知らない人が多いと思うが、フランス料理屋と言っても『レストラン』『ビストロ』『ブラッスリー』『オーベルジュ』『カフェ』などといろいろ形態がある。ブラッスリーとは本来、フランスのビアホールのことであるので、私は礼儀として必ず最初はビールを注文することにしている。

シェフに無理を承知でお願いすることがある。焼いた仔羊の上にロックフォールソース（羊乳から作られる青カビチーズ）をそのまま乗せてもらうのだ。ロックフォールソースは、アルルの違う店（先ほどよりもっと高級な店）で、『Medaillon de veau sauce Roquefort（仔牛のロックフォールソース）』を食べて以来、大好きなソースなのである。本来、ロックフォールソースは生クリームでのばして作るのだが、私はロックフォールをそのまま大量に仔羊肉に乗せてもらい、そして骨を掴んでがっつりとかぶりつき、フランス・ローヌのワイン（できれば南部ローヌのシャトーヌフ・デュ・パプがええね！）をぐいーっとやるのが好きなのである。

あぁ……、このロックフォールの塩味と仔羊の旨味、そして南仏の華やかな香りと深いコクの赤ワイン、あの時のアルルが蘇る。

ん？いま、フランス女の香りがした。

sake32.日本人とジビエ

最近は日本でもジビエ料理などと言って、狩猟で獲れた野生の鳥獣をよく食べるようになった。冬になるとフレンチやイタリアンレストランを中心に真鴨、山鶉、雉子、鹿などのメニューが登場し、和食でも猪や鹿の鍋があったり、山間部の宿では熊肉なども用意されることがある。日本人は明治時代になって初めて肉を食ったと思われがちだが、実はそんなことはなく、歴史上、日本人が獣肉を食べなかった時代は、実は無いのである。要するに日本人はずっと獣肉を食べていたということなのである。

縄文以前から弥生時代の貝塚からは、動物の骨が数多く発掘されている。その九割が猪と鹿であったが、ほかに、熊、狐、猿、兎、狸、ムササビ、カモシカなどの骨が発見されている。中にはオットセイやアザラシの骨が発見された貝塚もあるらしい。

飛鳥時代になると仏教が伝来し、天武天皇が牛・馬・犬・猿・鶏の五種類の肉の食用を初めて禁じた。しかしそれは、人に役立つ動物（家畜）を食べることを禁じたものであり、狩猟で得られた猪や鹿を食べることは許されていた。牛、馬、犬が禁じられた理由はわかるが、鶏がなぜ禁じられたかというと、当時、鶏は時を告げる大事な鳥とされており、江戸時代頃まで鶏は食べ物ではなく『時計』であったのだ。そりゃ食べられんわな、固そうで……。で、猿のことはよく知らん。まあ特に食いたくもないが……。

仏教の影響で食肉が禁止されていたといっても、それは仏教を信仰していた貴族などの上流階級だけの話であり、庶民は『仏教？はぁ？なにそれ？くぅーたら旨いんかい？』というレベルの世界で、ごく普通に食肉をしていたらしい。

江戸時代になっても上流階級にとって獣肉食は禁忌で、例えば、戦国時代では狸汁は本物の狸を使っていたが、江戸時代になると蒟蒻、牛蒡、大根を煮たものになった。日本人が最も獣肉を食べなかったピークは、五代将軍・徳川綱吉の生類憐れみの令の時である。特に犬を保護した影響で、中国、朝鮮半島、東南アジアでは一般的な犬食文化が、日本では全く起こらなかったという説がある。良かったね♪日本のワンちゃん！

しかし綱吉の時代が終わると、庶民は再び獣肉を食べるようになる。江戸時代にも実はジビエ屋が存在しており、『ももんじ屋』といって、獣肉を売ったり、煮たりして出す料理屋があったのだ。火鉢でひと鍋ずつ温め、猪、鹿、狐、兎、獺、狼、熊、カモシカ等の獣肉に葱を加えた肉鍋が供されていた。有名な店は、江戸麹町の『甲州屋』、両国の『豊田屋』『港屋』などで、『山くじら』（元々は猪の意味で、獣肉全般のことも指す）と書かれた行灯や、牡丹（猪肉）、紅葉（鹿肉）の絵が描かれた戸障子を看板にしていたらしい。

私も寒くなってくると無性にジビエが食べたくなる。名古屋の池下に、毎年ジビエの会をお願いしている『橘亭』というお店があって、無理を言ってスコットランド産の雷鳥を仕入れてもらい、ブルゴーニュの赤、ローヌの赤、カオールの赤などで相性を堪能している。この店は、雷鳥のほかにも、山鳩、山鶉、猪なども入荷するので、その楽しさは筆舌に尽くしがたい。

『日本人だって原始からずっと肉を喰ってきたんだ！』と言いながら、現代人の私は赤ワインをグビグビと呑んでしまう。いいんだ、原始人だって猿酒という果物が発酵した酒を呑んでたんだから！

あっ！『猿』は食べないと思ったら……、飲むほうかっ！！

sake33.生牡蠣に合う酒は本当のところ……どれよ？

『生魚とワインは合わない。生臭くて！』という人がいるけど、すべてのワインが生臭くなるわけではない。生臭みを出すワインは限られていて、ワインの中に含まれる鉄分の量が多いと生臭みの原因になることが研究で分かっている。葡萄の根が土壌の中から水分と共に鉄分を取り込んだり、地表面の土埃の鉄分が果皮に付着したりして、葡萄果実の内外の鉄分がそのままワインに反映されてしまうのである。また、食材の方にも原因があって、過酸化脂質が多く含まれているもの（ホタテのひもなど）は、鉄分に反応しやすく、瞬時に生臭みが発生してしまう。子供の時、鉄棒を握ると手が臭くなった経験があると思う。あれが口の中で起こっていると思って良い。

生臭みを引き出さないワインもある。例えば、元々土壌に鉄分が少ない日本のワイン。中でも甲州のワインは棚作りで地面から遠いので土埃の影響が少ない。また、シュールリーという製法（※1）で作られたワインやシャンパーニュなどは、澱（酵母の死骸）との接触が長く、澱が鉄分を吸着するためワインの鉄分量が少ない。また、シェリーやマデイラなど既に酸化した状態のワインは生臭みが出にくいと言われている。

また、生臭みを回避する調理方法もある。まずは生より加熱したほうが熱エネルギーの作用で過酸化脂質が減る。生で食べたいなら、カルパッチョのようにオリーブオイルを使うか、バターなどの油分を使う。または、レモンなどクエン酸の強い柑橘類を絞ったり、酸の高いワインそのものを調味料として使うと生臭みをある程度回避することができる。まあ、生臭みは味ではなくて臭いなので、生臭かったら鼻をつまめばいいんだけどね。

冬になると毎年考えさせられるのは『生牡蠣に合う酒は一体何なのか』という疑問である。よく、牡蠣にはシャブリ(※2)が合うというが、ホントかよ?って思うよね。シャブリが牡蠣に合う理由として挙げられているのが次の三つである。

①シャブリの畑には、牡蠣の化石が多く発見されている。
②シャブリの酸味がレモンと同等の役割を果たしている。
③樽熟成されたシャブリには、牡蠣の生臭さを消す作用がある。

ここで、十把一絡げにシャブリと言っているが、実はシャブリというのは、造り方で大きく二つのタイプに分かれる。当然、香味も違ってくる。一つは、ステンレスタンクで発酵・熟成される比較的酸味の強いキリッとしたタイプ。もう一つは、木樽で熟成させた酸がまろやかで比較的コクのあるタイプである。この全く風味の異なる二つのタイプに対して同様に牡蠣と相性が良いと語るのは少々難しい気がするが、それぞれ検証してみる。

前述の①は二つのタイプに共通している。②はステンレス熟成のものはリンゴ酸が多く、キリリとした酸味があるのでレモンの代用として成立しそうだが、樽熟成させたものは乳酸が多く、まろやかな酸味となるので、レモンの役割を果たすには些か無理がある。③は、樽熟タイプは樽に触れている時間の長いシェリーやマディラのような意味合いで牡蠣と合うという意味なのだと思う。

いずれにしろ、百聞は一見に如かずということで、私は『生牡蠣に合う酒は本当のところ……どれよ？』という牡蠣の会を行った。ワイン系は、シャンパーニュ、ＡＣシャブリ、グリューナー・フェルトリーナー、リースリングを用意した。シャンパーニュは、デコルジュマンまで澱と触れており、鉄分が澱に吸着して少ないことから、魚介に万能な相性をみせる。シャブリはステンレスタンク熟成のもの。グリューナー・フェルトリーナーとリースリングも魚介との相性が良いとよく言われる。

日本酒は、鉄分を含んだ水で造ると酒が赤茶けてしまうことから、醸造用水の鉄分基準自体が水道水の一〇分の一以下である。なので、鉄分が極端が少ないかまたはほぼゼロで、当然ながら魚介との相性がすこぶるよい。今回は、コクのある醇酒系、フルーティーな薫酒系が用意された。シェリーは、最も牡蠣と合いやすいと言われる辛口のマンサニーリャ。スコットランドのアイラ島では、ピート香の利いたウイスキーを生牡蠣にかけて食べる習慣があるということで、アイラモルト『ボウモア』を用意。その他、生牡蠣との絶妙の相性が密かに語られているシードル。キャビアなど魚卵との相性が抜群に良いウオッカは『ストリチナヤ』を、最後に、世界で唯一の食中蒸留酒である焼酎はフルーティーな『安田 芋』を用意した。

評価は参加者それぞれであったが、私的な見解では、日本酒はどれも問題なく相性が良く、日本酒を除けば、リースリングとシードルが素晴らしいマリアージュをしていたのではないかと思う。どちらもほのかな甘味が牡蠣の塩味と相乗効果を成しており、フルーティーな香りが磯の香りにアクセントを与えていた。シャブリとシェリーは普通で、意外なことにグリューナー・フェルトリーナーと芋焼酎の相性はあまり良くなかった。ウオッカはそれ自体に風味が少なく、辛口でシャープすぎて相性以前の問題で面白くない（合わないわけがないということ）。個人的に一番楽しめたのは、アイラモルトだった。ピート香のスモーキーさが牡蠣の苦い風味と出会い、なぜか妙に心が震えた。

※1　通常のワインより長い期間澱とともにワインを熟成させる製法で、フランス・ロワール地方のミュスカデに代表される

※2　フランス・ブルゴーニュ地方の白ワイン

sake34. 牡蠣にあたる人、あたらない人

牡蠣はあたるから食べられないという人がいる。牡蠣にあたるという場合、幾つ

かの原因があるが、その中の一つがノロウイルスである。ノロウイルスに感染すると、感染性胃腸炎を引き起こし、腸の表面細胞を破壊して、下痢、吐き気、腹痛、発熱を発症し、一、二日で症状が現れて、二、三日で回復する。但し、発症しても風邪のような症状で済む人もいる。このノロウイルスは牡蠣の鮮度とは全く関係がない。なぜなら本来ウイルスというのは、生きた細胞の中でしか生きられないからである。むしろ鮮度の良い方がノロウイルスにあたるのだ。

実は、ノロウイルスは牡蠣だけじゃなく、浅蜊、蜆、蛤、帆立、赤貝、鳥貝など全ての二枚貝に生息している。では、なぜ牡蠣だけがあたるのであろうか？それは、二枚貝のうち牡蠣だけが生で食べる貝だからである。帆立も赤貝も鳥貝も生で食うじゃないかと言われるかもしれないが、それらは通常の食べ方ではノロウイルスには感染しない。なぜならノロウイルスは二枚貝の内臓にのみ生息しているのであり、帆立も赤貝も鳥貝も内臓を取り除いて肉や貝柱の部分のみを食べるから感染はしないのである。

ノロウイルスは熱に弱く、食品の中心部が八五から九〇℃で九〇秒以上の加熱をすれば死滅する。貝に完全に火を通せばあたる事はないのだが、何でも半生というのは魅惑的に旨いもので、例えば、蛤料理店などでは、時々ノロウイルスにあたる人が出ているらしい。蛤は完全に火を通すと固くなってしまうので、蛤鍋などではギリギリの火の通し具合で食すのが美味なのだ。従って、運の悪い人はノロウイルスが完全に死滅しておらず、あたってしまうのである。牡蠣鍋なども同じである。

しかしながら、同じ場所で牡蠣や蛤を食べても全員があたるわけではなく、あたる人とあたらない人がいるのは何故だろうか？まず一つには、ノロウイルスの特性にある。ある種のノロウイルスは『血液型がA型の人には感染し易いが、B型の人には全く感染しない』とか、また別のある種は『O型の人には感染しない』などがあるらしい。二つ目は、食べる人に抗体があるかどうかである。普通は子供の頃に幾つかの種類のノロウイルスに感染しており、大人になる頃には、ほぼ一〇〇％の人が何れかのノロウイルスに対して免疫を持っている。但し、抗体が出来ても別種に感染する可能性があるので、一度あたったからといって二度とあたらないとは限らない。三つ目に、私のように何を食べてもあたらないという人がいるが、そういう人は胃酸が強くて、ノロウイルスを殺菌してしまうらしい。四つ目は、体調が悪いと僅かなノロウイルスでもあたり易かったりする。なので、牡蠣は好きだけどあたるたから食べないという人は、一度あたって散々な目にあったから怯えているだけであり、実はもう二度とあたらないという可能性もあるのだ。一方、残念ながら運悪く何度も何度もあたるという事もあり得る。尚、ノロウイルスにはアルコール耐性があり、アルコール消毒は効かないので、酒を飲んでいるから大丈夫ということは残念ながら無い。

マルセイユで生牡蠣を食べようと huître（ユイットル、牡蠣のフランス語）と何度発音してもギャルソン（※1）に理解してもらえず、業を煮やして日本語で「カキだよ、カキが食いたいんだよ！」と言ったら、即座に笑顔で「ウィ」と言った。ええっ〜！と思ったが、どうやらカキの発音が coquille（コキーユ、貝のこと）に聞こえたようだ。出てきた料理は、牡蠣だけではなく様々な生の二枚貝の盛り合せであった。牡蠣以外にも生で食えるのか？と不安だったが、結構美味かったし、プロヴァンスワインの軽快さも手伝って、すべてを平らげてしまった。お察しの通り二日後、友人と共に朝からお腹がシクシク痛み出し、嘔吐や下痢はなかったものの、モナコの防波堤で半日青い空を見上げて寝ていた。午後から少し良くなり、タクシーを拾ってＦ１モナコグランプリのコースを走ってくれないかとお願いしたら、スタート地点でわざわざ一旦停止してくれて、運転手さんの「Ｇｏ！」という掛け声でゆっくりと一周回ってもらった。もちろんテーマソングT-SQUAREのTRUTHをかけながら。

※１　ウエイターのこと

sake35.家呑みの楽しみ

　曲がりなりにも酒に関する講師業なんぞをしていると、時々飲食店の方が私という人間を誤解する。「きょ、きょ、今日は、まるおさんにお出しするような酒（ワイン）はありません！」と、恐縮しつつもキッパリ言われる事があるのだ。そんな時は「ちょ、ちょ、ちょっと、何でもいいから、もうアルコールさえ入っていればいいから、お願いだからお酒を呑ましてぇ～」と懇願するのである。基本的に私は酒でさえあれば何でも許せる人なので、酒が旨いとか不味いとか、御託を並べることなんて絶対ない。

ただ、ワインのブショネ（コルク不良による香味の劣化）だけは絶対ダメである。ある店で出されたワインがブショネだった事があり、「これ、ブショネだから替えてよ」と言った事がある。ところが……、ソムリエは驚いて試飲をしてはみたが、これはブショネでは無い！と言い放った。私は少々腹が立って「ならば、お金を払うから同じワインをもう一本開けてよ」と言ったところ、渋々開けたもう一本のワインの味は、前のワインとは全く違い、香りも味も素晴らしいものであった。こういうブショネさえも分からない中途半端なソムリエも中には居るから気をつけたほうがいい。

私は今まで様々なワインを飲んできた。ボルドーの５大シャトーは１９５０年代から百本以上飲んでいる。右岸も、ペトリュスはもちろんの事、オーゾンヌやシュヴァル・ブランなども数多く飲んでいる。イケムは古酒が好きで、１９２９年、１９４０年から比較的新しい物はグレートヴィンテージの１９９０年も飲んでいる。ブルゴーニュに於いては、ロマネ・コンティは１９７０年代から数本飲んでいるし、ＤＲＣ（ロマネコンティ社）のモンラッシェも４ヴィンテージほど、その他のＤＲＣは数えきれない。また、アンリ・ジャイエなど超有名造り手の特級畑なども数々飲んでいる。ローヌについては、ギガルの三兄弟なんかは当然のことである。

　ということで、私は、飲み頃の美味い高級ワインを中心にかなり飲んでいるが、家呑み（自宅で呑むこと）ではコンビニの五百円ほどのワインを愛飲しているのだ。高級ワインを沢山飲んできたのに、なぜ安ワインが許せるのかというと、それは逆に『高級ワインを飲んできたからこそ安ワインが許せるのだ』と言いたい。我々は常にタキシードやイブニングドレスで生活しているわけではない。それらは華やかで美しいが、普段着にするには邪魔くさいし、汚れやシワなどに気を使ってしまう。やはり普段着なら、機能的なジーンズやＴシャツであったり、家では動きやすいパジャマやジャージの方がリラックスできる。高級ワインは、もちろん素晴らしいが、毎日飲むものではなく、飲むＴＰＯが大切であり、そのＴＰＯがあってこそさらに美味しく感じるのだと思う。なので家呑みには、この安いワインが私にとっては最も楽で、最も美味しいワインなのだ。

　私が大学生の頃、今では超有名な『やまや』というワイン輸入販売会社が、まだ宮城にしか店舗がなかった時代に、私は通信販売（電話かＦＡＸ）でワインを注文していた。買っていたのはカルロ・ロッシの１５００ＭＬボトルである。当時はたしか四種類あり、赤はクラレットとバーガンディ、白はシャブリとラインという銘柄であった。クラレットとはボルドーの赤のことで、バーガンディーはブルゴーニュの赤のこと。シャブリは勿論ブルゴーニュのシャブリ地区、ラインはドイツのラインガウのことである。こういう名称をカリフォルニア産のワインに付けていいのだろうか？と当時から疑問に思っていたが、こういったワインは『ジェネリックワイン』と呼ばれ、ヨーロッパのイメージを利用した販売促進に使用されており、今でも存在している。

私はこの四種類のワインを全て宮城から取り寄せ、水代わりにガブガブ呑んでいたのである。部屋の一人暮らし用の小型冷蔵庫には、この１５００ＭＬのワインボトルしか入っていなかった。というか、ボトルがデカイのでそれしか入らないかった。それで、友人や彼女が来ると、お茶代わりに振る舞っていたのである。

こういう安ワインは、脚付きのワイングラスなんかで飲むよりは、コップで呑んだほうが旨い。私が家呑みで愛用しているのは、常滑のガラス作家さんのところで自ら手吹きで造ったガラスコップである。歪な形をしているが、狙ったものじゃなく、下手くそだから自然に歪んでしまっただけである。でもまたそこが味わいとなって気に入っている。私はこのコップで、ワインでも日本酒でも焼酎でもウイスキーでも何でもこれ一つで飲んでしまう。自分で作ったというのはすごく愛着が湧くし、お酒が何十倍も美味しくなるから、皆さんも常滑に行ったら家呑み用に作ってみたらいかがだろうか。

sake36.まるお危機一髪

私は日本酒やワインなど酒全般の講座を持っているが、酒を深く学ぶきっかけは、それぞれの酒にブームがあったからなのである。まず、日本酒は、一九九五年頃に吟醸酒ブームというのがあった。元々、学生時代から有名地酒銘柄を知っていたので、出羽桜や一ノ蔵など有名な酒を十種程度を店に置いていた。ところが、お客様が全国各地で飲んだ美味い酒を色々と教えてくれて、「◯◯はあるか?」と言われる場合が多く、当たり前ながら『そんなもんあるかいな!』という状況が続いていた。全国には酒蔵だけで当時何千蔵もあり、銘柄の数は何万にもなる。すべての銘柄を置くことは不可能である。従って、当店に置いてある銘柄の香味を確実に把握して、お客様の好みにより合わせるという技が私には必要となった。当初は独学で対処していたが、資格がないからお客様から不審がられるし、ハナから聞く耳を持ってくれない人もいる。やはり、信頼を得るには基礎的な知識と資格が必要であると思い、それから居酒屋や家呑みなどで毎日日本酒を飲んで研究して、唎酒師の試験を受けたのである。まあ、唎酒師になった後もお客様からは『唎酒師？はぁ？なにそれ？』って反応だったが……。

その後、一九九八年頃に空前のワインブームが起きた。私は既にフランス料理研究家だったし、ホテルにも在籍していたので、元々普通の人よりはワインの知識を持っていた。ところが、その頃から頻繁に出没するワインオタクには到底太刀打ちできるような状態ではなかった。ワインは世界中で醸造されていて、葡萄品種だけでも星の数ほどある。しかも、お客様からは何万円もする高額ワインを受注するようになってしまい、テキトーな事ができなくなってきた。ワインは実際に飲まなければ絶対に理解することが出来ないと感じ、ソムリエ教本の勉強のほか、二年間程週三回はワインバーで三種以上ブラインドテストをしていた。当時は、そのワインの葡萄品種、生産国、地域は当然のこと、時々、畑や造り手まで当てることができた。先日も五年ぶりくらいに飲んだ南アフリカのピノタージュを当てたり、イタリアのアリアニコだとか、結構レアな葡萄品種も当てることがある。なので、来年は世界ソムリエコンクールに出たいと思う。嘘。

次に訪れたブームは、二〇〇三年の本格焼酎ブームであったが、実質、幻の焼酎&芋焼酎ブームであり、香味の違いなどはあまり関係なく、お客様は森伊蔵や百年の孤独など希少銘柄を置いておけば満足してくれた。なので、私はそれをいかに常備しておくかが最重要事項であり、次には、お客様が要求する『臭いやつ』と『臭くないやつ』の二つを把握すれば充分であった。しかし、ひと通り基礎的に学んでおきたいと思い、居酒屋で毎日焼酎ばかりを呑みつつ、遅まきながら焼酎唎酒師を二〇一二年に取得したのである。

ということで、真面目に酒と向き合ったのは一九九六年頃の三十歳を過ぎてから（新婚二年目）であり、それ以降は、純粋にお酒だけを楽しむだけのお色気のない真面目な店にしか行ったことがない。であるから、私の酒呑みの歴史は、一九九五年以前と一九九六年以降とは全く異なるのだ。一九九六年以降を白歴史と呼ぶなら、一九九五年以前を黒歴史と呼ばざるを得ない。私の中では九六年を境に『九六前九六後』と呼んでいる。シャトー・マルゴーの『七八前七八後』と同じようなものだと思って戴ければ良い。シャトー・マルゴーは、一九六〇年代から一九七〇年代までジネステ家がオーナーであったが、葡萄栽培がうまくいかずワインの評判をかなり下げていた。一九七六年にアンドレ・メンツェロプーロスがシャトー・マルゴーを買い取り、ボルドー大学の醸造学者エミール・ペイノーを技術顧問に迎えたことから、一九七八年からシャトー・マルゴーの評価が劇的に良くなる。だから古いのに安いからといって一九七〇年前後のを買うと失敗する。

私の『九六前』は、女子大小路の馴染みのスナックにアルコール六十度以上のブッカーズをキープして、へべレケになりながらカラオケを唄ったり、また、コロンビア人などの南米系のおねーちゃんのお店でパンツ脱がされたまま英語でオンリーユーを唄ったり、さらにはニューハーフのオネエさんに股間を掴まれて、ひゃあひゃあ言ったりして遊んでいたのである。当然吐きながら帰宅し、朝は吐きながら出勤するのである。どうか山の神がこの本を読みませんように……無理か。

新婚当時のある日、酔ってスナックで寝てしまい、気づいたら朝になっていた事がある。店内は真っ暗で誰もおらず、テーブルに『鍵かけて帰れ』という置き手紙と共に店の鍵が置いてある。トイレに行って鏡に写った自分を見て驚いた。瞼はツタンカーメンみたいなパッチリおめめ、ホッペはバカボンのクルクル、鼻の下は『ベンジャミン伊東』みたいな髭が描いてある(分かる奴だけ分かりゃいい)。頭にはネクタイで鉢巻きをしていて、ワイシャツは口紅で全身歌舞伎の隈取みたいになっていた。ああ、懐かしい……って、帰り大変だったわ！下着姿でどうやって新婚家庭に帰るんだよ。

また、閉店後におねえちゃん達を連れ出し、焼肉を散々食って帰るのは常のことであった。やはり新婚当時の事だが、帰宅して、そのまま妻の横に並んでいる布団で眠っていたら、夜中にゴーッという物凄い音が耳の真横でする。驚いて目を覚まし、隣りにいる妻を見ようとしたら壁が……、その壁がゴーゴー唸りをあげているのだ。『こんなところに壁があったかな？』と不思議に思っていたら、妻と私の間にデカイ空気清浄機がこっち向きに置かれていて、最強の状態でセットされていたのだ。「な、なんだこれは！？」と言うと、妻から隙かさず「臭いから！」といわれた。

ある夜私はスナックのマユミちゃんという女の子を車で自宅に送っている夢を

見ていた。夢の中で運転しながら眠ってしまい、ハッとして急ブレーキを踏んだ。事故を起こしたような気がして、酷く狼狽してしまい、隣の席に座るマユミちゃんに「マユミちゃん！！大丈夫！？」と、夢の中で叫んだ。……はずが、寝言で口に出してしまったらしく、隣に寝ていた妻がすかさずドバッと起きて、「ちょっと！ユミちゃんて、だれっ？！だれっ？！ユミちゃんて！」と凄い剣幕で私の胸ぐらを掴んで訊くので、私はとっさに「水戸黄門でぇ～、由美かおるさんが出てきてぇ～、お風呂がね……むにゃむにゃ、おやすみ……」と、飲み食いしたもん全部吐きそうだったけれど、再び寝たふりをしたのであった。ものすごい危機一髪であった！というこことで、私達夫婦は新婚にも関わらず、それから別々の部屋で寝ることにしたのである。ちなみにそのマユミちゃんは実在するが、手を握ったこともない事だけは明記しておく。明記しとかんとエライ事になるがな。

sake37.世界一美味しい酒って何ですか？

講座をしていると、受講者の方に必ず訊かれる事がある。「先生は～、一番沢山呑むお酒って、やっぱり日本酒ですかぁ？」と。日本酒講座の場合は「日本酒でぇ〜す！」と元気に応え、ワイン講座の時は「シャンパンかワインでぇ〜す！」と、これまた元気に応えるが、実際のところはどうかと言えば、何を一番多く呑んでいるのか自分でも見当がつかない。

さらにもっと難しい質問は、「先生の好きな日本酒（ワイン）の銘柄は何ですか？」とか、「一番美味しい日本酒（ワイン）は何ですか？」というものである。まず、私には好みというものが存在しない。どんなタイプもそれなりに好きなのである。持論として、お酒を紹介し提供する者は、好き嫌いがあってはならないと思っている（カッコイイ！）。ましてや、最近の日本酒は大抵どれも美味しいから、一番美味しい日本酒を言え！という大谷なみの豪速球に対して、それを受け止めて返球するのは伴宙太でもドカベンでも無理というものである。なので、私はそういった質問に答えるために、あるフランスでのエピソードを紹介している。

私と友人がニースに到着したのは昼過ぎだった。重い荷物を引きずりながら宿探しのために海岸線を西の端から歩き、ホテルを見つけると手当たり次第に飛び込んでみたが、どこも満室か若しくは高額で、十件以上に断られる。すでに陽が傾いてきていた。気が付くと、残されたホテルはとうとう海岸の東の端にある一軒のみになってしまう。見るからに古くて見すぼらしいホテルだったが、野宿するわけにはいかないので、空室があることをただ祈るしかなかった。幸運な事に、貧相なカウンターにいたフロント係は、空室があると言い、私達はホッと胸を撫で下ろした。しかしながら、老朽化したエレベーターと古い廊下にテンションは激しく下がる。ところが、部屋の鍵を開け、扉を開けると驚いた。今までの見すぼらしさからは想像できないくらい綺麗な部屋で、室内の色は野郎二人が泊まるには恥ずかしすぎるほど眩しいパステルカラーだったのだ。どうやら改装されたばかりの部屋のようで、部屋の奥にある縦に大きな窓を開けるとベランダがあり、小さなテーブルとイスが二つ置かれていた。正面には視界いっぱいに青い海と空、美しく弧を描いた海岸線を見ることが出来た。

私達はニースの海に沈む夕陽を見ながら、このベランダでワインを呑もうと、街に買い出しに出掛けたが、街中歩いてもワイン屋さんは見つからない。陽が落ちかけて時間を失う中、私は意を決して一軒のレストランに入り、ワインを譲ってくれるように懇願した。店主は快く応じ、私はこの地方の地酒であるコート・ド・プロヴァンス・ロゼを手に入れた。決して高い酒ではない。むしろ極めて安酒の部類である。海に落ちていくプロヴァンスの夕陽の色は、朋輩と呑むワインの色とシンクロして、野郎二人にはとんでもなくロマンチックなロゼ色であった。

世界的ワイン評論家アンドレ・L・シモンが、「世界一美味しいワインは何か?」という質問に、「それは思い出のワインである」と応えた。私にとって、今現在に至るまでこの安酒が自分史上最高に美味しいワインであり、そして世界一美味しい酒なのである。

なので、「日本一美味しい日本酒(ワイン)は何ですか?」と言われれば、「それは、あなたにとっての思い出の日本酒(ワイン)です」といつも応えている。

sake38.高級店でのワインの注文方法

私は二十歳代のころから自称フランス料理研究家なのである。高校時代にマチャアキのドラマ『天皇の料理番』に感動し、大学生の頃から独自に勉強し始めた。卒業旅行にはフランスに行き、ミシュラン片手に料理店を回り、フランス語でオーダーするという超カッコイイ男だったのである……ん？いま書いてたらだんだんイヤミな男にしか思えなくなってきた、なぜ？？ん？なぜだろ？

フランス料理の調理法だってフランス語で理解できるほどで、パッセ、ナッペ、モンテとかブランシールとかデグラッセとかね。まあ、単なる頭でっかちのバカといえば、それまでであるけども、ホテルに就職したときは案外役に立ったよ。だって、調理場から上がってくるメニューはフランス語オンリーだったんだもん。

当然、日本のフランス料理店にも二十歳代にかなり訪れている。上柿元氏のいた時のアランシャペル、ジャック・ボリー氏がいた時のロオジエ、トゥールダルジャン、ペリニヨン、高橋忠之氏のラメールなど、給料全部つぎ込んでフランス料理食ってた。中でも、私が最も影響受けたのは、当時銀座一丁目にあった（現在は京橋に移転）『シェ・イノ』である。

当時、新進気鋭のフランス料理三羽ガラスといわれた『シェ・イノの井上旭』『クイーンアリスの石鍋裕』『鎌田昭男』は、フランス料理を知るものにとっては神様のような存在であった。神様の一人井上旭氏がおわせられるシェ・イノ、その名物料理が『仔羊のパイ包み焼きマリアカラス』である。パイ生地の中に仔羊とフォワグラ、そしてソースはペリグーという、贅沢極まれりの逸品で、これは当たり前の如く絶品であるが、その他の料理もことごとく恐ろしく美味い。もう、あまりにファンになりすぎて、シェ・イノオリジナル絵皿を買ってしまったぐらいなのだ。

しかしながら、結婚してからはそんな贅沢ができるわけでもなく、赤貧洗うが如き生活を送っていたが、なんと先日約二十五年ぶりにシェ・イノを訪問させていただいたのである！恐れ多くもメートル・ド・テル（給仕長）を捕まえて、『二十五年ぶりに来ました！感動です！』と言って涙したり、男子トイレにオリジナル絵皿が飾ってあるのを見つけ、『私もプレート持ってます！！』と言ってははしゃいだりして、まったく迷惑な野郎だったわけだが、こんな馬鹿野郎にもシェ・イノのスタッフは優しく笑顔で接してくれたのであった。

ところで、高級フランス料理店でワインを注文する時のコツって知ってるかな？ソムリエが来て、まずは『食前酒はどうですか？』って訊かれる。昔は『キール』とか『キールロワイヤル』とかが流行った時期があったが、今は大体シャンパーニュが主流である。キールって本場ディジョンで飲んだけど、日本と配分が違ってめちゃくちゃ甘いし量も多い。『こんなもの飲んでからブフ・ブルギニヨンをたらふく食ったら吐くわ！』と当時思った記憶がある。

食前酒のあとは、ワインを訊かれる。ワインは注文した料理に大きく影響されるということを覚えておくとよい。料理とワインの相性はもちろんだが、それよりもなによりも、注文した料理の価格がワインの価格にシンクロされるということである。たとえば、二万円の料理を注文した人と、五千円の料理を注文した人は経済観念が異なっている。ソムリエは客がいくらの料理を注文したかで、どのくらいの懐事情なのかを探りながらワインを選ぶのである。

普段は貧乏で最安値のコースを選ぶのだが、ところがこの日の私は、約二十五年ぶりのシェ・イノということもあって相当な舞い上がりぶりで、スカイツリーの上からバンジージャンプしてそのまま東京タワーのてっぺんに着地するような威勢のいい男を演じてしまっていたのである。そうなのだ、私はこの店の一番高いコース料理を注文していた……。当然ソムリエは、私の財布の中身をこのコース料理の価格で推量する。『この人は見た目は貧相でハゲてるけど、案外お金は持ってるのかもね♪（ちなみに、シェイノのスタッフはこのような言い方は断じてしませんっ！）』などと、貧乏人の私に対して全く見当違いの考えに及ぶ可能性が大なのである。

　そこで、貧乏人の私がとった策は……

　ソムリエに一言、『もうそりゃ、ワインは、旦那（ソムリエのこと）にオマカセいたしやすが、メイン料理がマリアカラスですから、ローヌのワインとの相性はバッチグー（死語）ですよねぇ♪』などと言ってみる。これはいわば先制ジャブなのである。ローヌとはフランス南部の地方のことで、そこで産出されるワインは、とんでもなくバカ高いものもあるが、逆にいい造り手で安くて美味しいワインもたくさんある。ボルドーとかブルゴーニュじゃなくてローヌを出すところが味噌で、『むむ、こいつ、ハゲのくせにちょっとはワインのことを知っとるようだな（注　シェ・イノのスタッフはこのような言い方は断じてしません！）』とソムリエに思わせることもできるわけだ。

　さらに私は、ワインリストに書かれている全然関係ないワインの価格表示（この店の最低価格の大体一万二〇〇〇円くらい）を指差して、『これぐらいでお願いしますす』とこっそり言うのだ。きっとソムリエは、『お、おまえ、安っ！』と思いながらも、『よっしゃぁ！このハゲ散らかした貧乏人に、安くて旨いワインを選んでやろうじゃないか！（注　シェ・イノのスタッフはこのような言い方は断じてしません！）』と、思うに違いないのである！

満更思い込みでもなく、それを証拠に、少し離れた席に座ってるお客さんも私と同じコース料理を注文していたが、ソムリエが持ってきたワインは、同じローヌのワインでもギガルという超有名な造り手が造った超高級ワイン「ラ・ムーリーヌ」「ラ・ランドンヌ」「ラ・テュルク」という通称『ギガルの三兄弟』といわれる一本十万円以上はするであろうワインをずらりと並べて勧めていたのだ。お金があれば私だってそりゃそういうの飲みたいよ！涙……

帰りには憧れの井上旭オーナーにも会えた！あぁ……ファンですって言いたい！握手してほしい！料理の鉄人の時みたいに、一発グーで顔面パンチして欲しい！そして何より、私が三十年間も大事にしている料理本『井上旭のスペシャリテ』にサインしてほしい！（持っていくの忘れたけど……）と思ったけど、小心者の私は声をかけられるはずもなく、仕方なく腹いせに、玄関口でキャ～キャ～いいながらお店の人に写真を撮ってもらって、満足してお店を後にする『まるお』であったのだった。

焼酎・泡盛

sake39.錦糸町のホルモン

小学生の頃は従業員の慰労も兼ねて、よく親が焼肉屋に連れて行ってくれた。父親は肉の焼き方に拘りがあり、「そら、もう焼けてる！」「それじゃ焼き過ぎだ！」「そんなに焼いたら肉がもったいない」「いい肉は生でも食える」などと、終始矢継ぎ早にああでもないこうでもないと私に指図し、おちおち食べていられないくらい誠に煩かったのである。

なので、私は父親から指摘を受けないようにと、終いにはホルモンだろうがレバーだろうが、あらゆる肉をほとんど生で食べるようになり、家に帰ってから気持ち悪くなって、ひとしきりゲーゲー吐くのが常であった。まあ、それゆえに私は、肉に関してはかなりの抗体を持っていると自負しているのである。要するに細菌に強く、何を食べても当たったことがない強靭な男になったということである。そう、本物の肉食系男子なのである！

だからなのだろうか、肉の刺身系は大好きで（普通そんなに吐いたら大嫌いにならないか？）、牛刺、馬刺、レバー刺、タン刺、山羊刺など肉系刺身がメニューにあれば喜んで食べている。

ところが、例の有名な食中毒事件以降、生肉がほとんど食べられなくなってしまったではないか！きっと『ああ、めんどくさ、なんでもかんでも禁止にしときゃええわ、楽だし』という事なかれ主義的な人達の判断なのだろう。そういう人達は、何とか人を楽しませたいというディズニーランドのような職場では絶対に採用されない部類の堕落した人間であろうと強い口調で言いたくなる。早く対処法が確立されて生肉が食べられる日が来ることを強く望んでいる。

錦糸町は私にとって居酒屋の聖地である。時間があれば、とりあえず錦糸町南口にある居酒屋へ向かう。当たり前の如く、昼から通しでやっていて、同じ香りのする酒呑みがゴロゴロ転がっている。ふと隣を見ると『なぎらっち（昼呑みの神様・なぎら健壱氏）』がいてもおかしくない状況なのだ。

ここに来たら、まず最初に絶対『刺盛り』を注文したい。刺盛りといっても魚じゃない。『ホルモン刺し』といい、レバー、タン、ハツ、ガツ、コブクロの刺身五種盛（今は規制でレバーはない）なのだ。ガツとコブクロは湯通しされている。これがまた『生ものズキ＆ホルモンズキ』にとっては堪えられない逸品なのである。こいつをコチョコチョ食いながら、中身が金宮のホッピーをゴックンゴックン呑む。ホッピーの中身は金宮に限る。（金宮は三重県四日市市の宮崎本店が造る甲類焼酎である。四日市の誇りと言っても過言ではない）それで、五時までグダグダグダグダ呑んで粘って、五時丁度になったら、隣のノスタルジック居酒屋に移動するのだ。

ここは、究極のノスタルジック居酒屋だ。昭和の薫りバンバンのお店である。お店に入ると、U字型というか舟型の檜の白木カウンターがドンとあって、このカウンターがまた見事にスベッスベなのである。聞くところによると、メンテナンスには牛乳を使っているらしい。あんまりスベスベなので、ひとしきり撫でていると、今も美人だけど若い頃は超が十個くらいついただろう美人の女将さんが、「一回撫でるごとに百円！」とちょっと叱るような感じで、茶目っ気たっぷりに言うのである。ああ、若いころだったら、叱られて、踏まれて、ムチで打たれたくなるような女将さんである。すみません言い過ぎです。

ここの名物は何と言っても『もつ焼き』だ。かしら、レバー、シロの三点セット。

特にレバーは絶品である。ありきたりの表現だが、外はカリッとしていて中はジューシーなのだ。それしか言いようが無い。ここのレバーを食べると、他店のレベルが到底追い付けないほどのものであることを愕然と思い知らされてしまう。

sake40.蕎麦屋で独り酒

大学に入学して四年、東急ホテルに就職して三年半の後、名古屋に強制送還されるまでの約七年半程の間、私は東京の調布市に住んでいた。『田園調布に家が建つ』と星セント・ルイスが言っていた『田園調布』とよく間違われるが、田園調布は大田区にあって立派な二十三区内に存在する街である一方、調布市は多摩地区という田舎にあり、『田園調布に田園なし、ただの調布に田園あり』と言いたくなるほど調布駅を少し歩けば畑ばかりの地であった。

調布に住むようになった理由は、大学が杉並区の和泉にあり、最寄りの京王線明大前駅から都心とは逆方向に向けて安アパートを探し続けた結果、とうとう調布駅まで来てしまったからなのである。しかし、調布駅から明大前駅までは特急で一〇分だし、新宿へも十五分程で行けるから決して不便な地ではない。しかも住んでいたアパートは調布駅東口から徒歩〇分で、電車が向こうからやって来るのを見てから家を出ても充分に間に合うという好立地であったのだ(※1)。

しかしながら、大学は三年生から御茶ノ水だったし、就職したホテルは銀座だったので、五年以上は通うのに少々苦労したことになる。なぜ引っ越さなかったかといえば、金がないのと面倒くさいという理由以外に、実は調布がちょっと知れた蕎麦処だったからなのである。調布駅の約三キロ弱ほど北に深大寺という寺がある。その門前には数軒の蕎麦屋があり『深大寺そば』として有名な場所であった。古くは江戸時代に三代将軍徳川家光が鷹狩の際に食べて褒めたとか。私もわざわざ京王バスに十数分ほど乗って、よく蕎麦を食べに行ったものである。

私が蕎麦ズキなのは父親の影響である。小学生の頃、よく家族で蕎麦を食べに行ったが、父親は寿司屋の修行時代を東京で経験していたせいか、名古屋でもり蕎麦を食べると大抵つけ汁が甘いとか弱いとかぼやいて、卓上にある醤油をドバドバと入れていた。当時の名古屋は、うどん屋かきしめん屋が仕方なく蕎麦もやっているという程度で、大抵それは酷いものであったのだ。その中で、当時唯一満足できる蕎麦の店は、栄パルコの辺りにあった『やぶそば』くらいであったと思う。

父親がつけ汁のことばかりいうので、私も蕎麦自体の味よりは、汁の方に非常に煩い。私にとって最も基準となる蕎麦の汁は、浅草の『並木藪』である。並木藪の汁は超辛い。蕎麦をどっぷり付けたら辛くて食べられないから、端っこにちょこっと付けて啜る。この超辛い汁を基準として、そこからどう蕎麦と汁との相性を各店が織り成しているのかを味わうのが楽しいのだ。

調布に住んでいる時は、そうそう頻繁にバスに乗って深大寺に行くわけにはいかないので、普段は近所で済ますことが多かった。調布駅辺りにも何軒か蕎麦屋があり、週二日くらいは蕎麦を食っていた。酒を呑まない時は『もり』か『冷やしたぬき』を五分もかけずに食って席を立つ。酒を呑む場合は、まずは熱燗か常温を注文し、漬物か板わさか出汁巻などで酒を呑む。ちょっと贅沢する時は、剣客商売の秋山小兵衛のように『そばがき』で渋く呑むこともある。百年早いと小兵衛に怒られそうだが。

蕎麦屋には、居酒屋ばりに色々ツマミや酒が置いてある酒呑み歓迎みたいな店もあるが、私の場合、蕎麦屋での酒は申し訳無さそうに呑むことを基本としているので、ツマミが沢山ある蕎麦屋は実は苦手なのである。しかも、酒は大手メーカーものがいい。菊正宗とか月桂冠とかそういうやつ。気分としては、江戸の大工みたいな調子で、『あっしは、サッと啜ってパッと帰りたいんだが、今日はいけねぇ～酒が入らねえと体がうごかねぇ。もう、そこにあるツマミでいいんで、一杯呑ましておくな』と、申し訳無さそうに、小さくなって呑むのが好きなのである。で、なるべく早くお銚子一本やったところで、もり蕎麦を食ってさっさと帰るのである。

今では名古屋も蕎麦専門店が多くなっている。吹上にあるお店も美味しい蕎麦屋さんの一つだ。この店は、そば焼酎が三種あり、しかもそば湯割りが基本となっているのが泣かせる（メニューに『そば湯割り』と書いてある）。ドロドロのそば湯で割ったそば焼酎を、旨いぬか漬けと板わさでを呑む。ツマミが多くないところがいい。締めは二八せいろで軽く仕上げる。汁は出汁がきいていて、調和の取れた辛汁で美味い。こんな店が近所にあるなんて、今の名古屋の蕎麦ズキは恵まれている。

※1　調布駅は現在は地下化されている

sake41.エスニック料理と焼酎?

私の講座の中に相性研究講座がある。その中の一つのテーマに『エスニック料理と焼酎』というものがある。なぜエスニック料理と焼酎なのか?誰もエスニック料理と焼酎の相性なんて推奨していないし、どのエスニック系の料理屋も焼酎が置いてある店は極めて少ない。では、なぜ私がエスニック料理と焼酎を合わせようと思ったのか、独自の理論を順を追って説明したいと思う。

日本でエスニック料理という場合は、タイ・ベトナム・シンガポールなど東南アジアの料理や、インド・ネパールなどの南アジア料理、中東・アフリカの料理、さらにはブラジルなどの中南米の料理を指すことが多い。また、特にこれらの地域のスパイシーで辛い料理を指す場合がある。元々エスニックという言葉の意味は、『民族特有の』『異国の』『風変わりな』という意味であるから、本来は『辛い料理』とは全く関係ない。

焼酎の起源は正確には分かっていないが、比較的有力な説として、東南アジア由来のものであるといわれている。シャム(現在のタイ)から琉球を経由して薩摩に入ってきたというものである。シャムの蒸留酒は、元々は中東の蒸留酒が起源であり、アラビア語でアラックと呼ばれていた。焼酎は、古くは荒木酒（阿刺吉酒）とか、蒸留器の名称である蘭引（エジプト・アラブ諸国ではアランビック）と呼ばれていたので、東南アジアからの伝来説が有力となっているのである。なので、東南アジアを起源とする焼酎が、東南アジアの料理に合うという可能性は理論上大いに考えられる。現在も東南アジア各地では焼酎に似た蒸留酒が多く存在する。

では実際に、現地の人は食中酒として何を飲んでいるのだろうかを考える。調べてみると、殆どの地域は宗教的な理由で酒自体を飲まない。飲める地域でも大抵はビールかワインが主流のようである。現地では手作りの地酒もあるらしいが、それらの中で醸造酒は成分上も気候的にも日持ちするものではないし、蒸留酒は海外で流通できるような品質ではないようだから、日本で飲む機会は極めて少ないといえる（製品化されて輸入されている蒸留酒もある）。

やはり一般的にはワインが多く飲まれているようなので、まずはワインとエスニック料理との相性を考えてみたい。『ポケットワインブック』の著者で世界的ワイン評論家のヒュー・ジョンソン氏は、ワインとエスニック料理について以下のように書いている。まず、タイ料理は、ドイツ・リースリングのシュペトレーゼ（やや甘口）、ゲヴュルツトラミネール、刺激性を持った（酸味のある）ソーヴィニヨンブラン。ココナッツ風味のタイカレーには、オーストラリアのシャルドネ、口をすっきりさせたければアルザスのピノブラン。インドネシアのサテ（鶏肉や羊肉の串焼きに香辛料のきいたタレをつけたもの）には、アルザスかニュージーランドのゲヴュルツトラミネールか、オーストラリアのシラーズ。

インドのカレー料理には、よく冷やした半甘口の白、カリフォルニアのシュナン・ブラン、スロヴェニアのトラミナー（ゲヴュルツの原種）、インドの発泡性ワイン。辛味を逆に強調させるなら、タンニン（渋味）の多いバローロやバルバレスコ、深みのあるフレーバーを持った赤（サンテミリオン、コルナス、シラーズとカベルネのブレンド、アマローネ）。タンドーリ・チキンなら、ソーヴィニヨンブランかボルドーの若い赤。

中東のケバブ（仔羊と野菜と交互に金串に刺して焼いたもの）なら、力強い赤。例えばチリのカベルネソーヴィニヨン、カリフォルニアのジンファンデル、オーストラリアのシラーズ。エスニック料理ではないが辛い料理の代表ということで中国四川料理なら、ミュスカデかアルザスのピノブラン、または冷たいビール。

どうやら、ヒュー・ジョンソン氏は、エスニック料理とワインについて、二つ提言しているようだ。一つは、口中をさっぱりさせるためのワイン。もう一つは、辛味をより楽しむためのワインである。前者は、フルーティーなマスカット系の白ワイン、後者は深みのある赤ワインを主に推奨している。

ここで、焼酎とエスニック料理の接点が、起源以外にもう一つ出てくる。というのは、ヒュー・ジョンソン氏がエスニック料理に合うと提唱するマスカット系の白ワインの香りの成分と、鹿児島を代表とする芋焼酎の香りの成分が実は同じであるという事実があるのだ。どちらの香りの成分もモノテルペンアルコール由来のものであり、芋焼酎以外ではアルザスやドイツのゲヴァルツトラミネール、ピノグリ、リースリング、ミュラートゥルガウなどに多く含まれていると分析結果が出ている。

従って、ヒュー・ジョンソン氏がエスニック料理とマスカット系ワインの相性を推奨している点をみると、同じ香り系の芋焼酎も相性が良いのではないかと推察できる。特に最近よく見かける芋麹を使用した芋焼酎は、フルーティーな香りが高く、特に相性が良いのではないかと思っている。芋麹で造られた芋焼酎は、従来からある米麹で造られた芋焼酎のような米麹由来のクセのあるフーゼル油の香りが無く、よりマスカット系ワインの香りに近いからである。

豊田に行くと時々訪れるタイ料理屋さんがある。ここのタイ料理はどれも絶品であり、『名古屋にあったら頻繁に行くのに……』と、いつも残念に思うくらい美味い。飲み物も多くて、ワインもあるが珍しく焼酎も各種置いてあるので、一度相性を試してみたらいいと思う。

sake42.花粉症に効く？酒

私は中学校二年生の時に花粉症になった。というか、毎年同じ時期にある特定の症状が出る事を認識したのがその頃であった。それ以前に父親が、いつも鼻水をすっている私に向かって、「お前は蓄膿症だ。手術しないと鼻がもげる」などと断言していたから、本当は小学生の頃には発症していたのかもしれない。花粉症になったのには理由がある。当時、我が家の東側には大きな杉の木が立っていて、春になると風が吹くたびに白い粉を吹雪のように撒き散らしていた。母親は朝になると東の窓を全開にするので、毎日かなりの量の花粉を全身に浴びていたのだ。

夜中は鼻が詰まって全く眠れない。右の鼻が詰まれば左を向いて寝る、左の鼻が詰まれば右を向いて寝るという繰り返しで（そうすると一時的に鼻が通る）、眠った気がしないのだ。朝起きると目が開かない。目やにが上下の瞼を接着剤のようにくっつけてしまい、指でバリバリと剥がさなければ目が開かない。二十四時間一日中鼻が詰まっていて、詰まっている間から鼻水が垂れてくる。鼻が詰まっているから鼻水を啜ることもできない。鼻をかもうと思っても耳がツンとするだけでかめない。そしてあらゆる穴が痒くなる。あらゆる穴といえば、あらゆる穴である……という地獄の症状が二ヶ月間も続くのである。当時、花粉症やアレルギー性鼻炎などという病名は一般には知られておらず、私は酷い鼻風邪だと思い込んでいた（穴が痒いのに……）。

中学二年生の時、席替えでHさんという片思いの女の子が隣の席になった。いい男をアピールする絶好のチャンスなのに、私は毎日鼻水をダーダー垂らしていて、仕方なく鼻紙を両鼻に突っ込んで授業を受けていた。高校になってからもHさんが忘れられず、意を決してHさんの家に電話して、「好きです！」と告白したが、木っ端微塵にフラれた。むしろ鼻水が原因だと思いたい。高校に入っても相変わらず、通学のバスの中でくしゃみを十連発くらいしたり、知らないうちに鼻水が垂れたりして、周りの嫌悪感を一手に引き受けていた。二年生から自転車通学になると、なんと鼻の通りが良くなることに気が付いた。どうやら、運動をすると一時的に鼻が通るらしい。それからは、無闇矢鱈に動きまわったり、突然腕立て伏せやヒンズースクワットなどを始めたりしていた。傍から見たら異様な光景であったであろう。

その当時、和泉宗章という人の天中殺入門という本が流行っていて、早速購入して運命の計算してみたら、私はこの先二十年間毎年三月と四月は天中殺だと出た。なるほど、いつも三月と四月は花粉症で最悪だ……当たっている。私の場合、花粉症は毎年三月十日から五月七日までと決まっていて、特にお花見の時期が最も症状がピークで酷かった。ブタは臭覚でトリュフを見つけるというが、私はブタがトリュフ見つけるよりもずっと遠くの桜を鼻で発見することができる。車で走っていると突然鼻が詰まりだし、くしゃみが止まらなくなる。で、しばらく進むと桜並木が現れたりするのだ。なので、花見は私にとって禁忌である。大学に入って彼女ができると、如何にして花見をデートコースから除外するかが私の課題であった。一度やむを得ずグループデートで昭和記念公園へ花見に行った時は、朝から大騒動であった。洋服は花粉が付着し難いツルツルした素材を選び、マスクとダテメガネをする。ティッシュを大量にポケットに押し込み、点鼻と点眼と飲み薬を大量に持っていくのである。この頃、ようやくアレルギー性鼻炎という病名が一般となり、コンタック６００のような強力な鼻炎薬が発売された。もうこれは画期的で、一錠で十二時間症状が和らぐのである。しかし、最初十二時間効いていたものが、常用している内に六時間しか効かなくなり、四時間しか効かなくなり、二時間、一時間と最後は全く効かなくなってしまう。しかも、猛烈に口が乾くのと、強い眠気を伴うという副作用があった。

この花粉症地獄は四十歳くらいまで続き、その後発症しない年が時々あったりして、ようやく四十五歳くらいからほぼ完治した。天中殺では二十年と出ていたが、なんと三十数年間も苦しみ続けたのである。現在は、二月下旬に二、三日ほど目が痒くなり、軽い鼻水鼻づまりがあるが、すぐに症状は収まり、その後は全く快適な時を過ごしている。ここ数年はお花見にも行くことができ、三十年目にして春がこんなに爽やかな素晴らしい季節なのだという事に初めて気がついたのである。

酒呑みにとって、花粉症の時期は辛いものである。私の実感として、酒は花粉症には絶対的に良くない。呑み始めの一時はいいように感じるが、呑んでるうちにだんだん調子が悪くなり、最後にはかなり酷い状態に陥る。酒が花粉症に良くないのには様々な要因があるが、酒を呑むと体内でアセトアルデヒドという物質がヒスタミンを増加させるかららしい。なので、お花見しながらの宴会なんて、わざわざ火の中に飛び込む小虫同様で至極危険な行為であり、私は今まで一度もお花見宴会の経験がないという酒呑みには珍しい人間なのである。

そんな中、よく耳にするのが『花粉症に効く酒』である。沖縄石垣島の請福酒造の『請福ファンシー』という泡盛が花粉症に効くと言われたのが、当時私が花粉症全盛期であった二十数年ほど前である。呉羽化学工業の社員が土産に買った請福ファンシーを呑んだら花粉症の症状が軽くなったというのが話の始まりである。何やら統計によると花粉症患者の三分の一は改善がみられたとか。その後、請福酒造は何故花粉症に効くかを研究して実用新案特許を出願したが、抗アレルギーとしての有効成分を特定できないまま一九九六年の出願以降は研究を中止している。私も当時飲んでみたものの、症状の改善はよくわからなかった。泡盛のような蒸留酒は、元々アセトアルデヒドを体内で生成しにくいから、ヒスタミンが増加することは少ない。ビールや赤ワインなど、特にヒスタミンを多く出す酒を日頃呑んでいた人が、泡盛を中心に呑む生活に変わり、症状が改善したように感じたのかもしれない。

結局、私の花粉症がどうして治ったかといえば、それは年を取って抵抗力がなくなったからなんだろうと思う。鼻水、鼻づまり、くしゃみ、涙は花粉を体から追いだそうとしている抵抗であり、若い時は抵抗する力があったのが、年をとると抵抗力がなくなり、体が花粉を受け入れてしまったである。これを、ガンジーの無抵抗主義（実際は『非暴力不服従』）という。または、右の頬を打たれれば、左の頬を出すというキリストの教えでもある。ぶって！もっとぶって！という元国会議員の教えでもある。山田花子の『カモ～ン』……もうええわ！

食後酒をどうぞ

sake43.バーにおける常連の定義

ひとりバーカウンターの片隅で静かに酒を飲む姿は、傍から見ればその店の常連客のようで格好良く見える。貴方がバーに頻繁に通っていて店員と懇意ならば、『自分はこのバーの常連なのだ』ときっと信じていることであろう。ところが残念なことに、自分が常連だと思っていても、店側からすると全く常連とは呼べない場合もある。店側から認められる『バーにおける常連の定義』とは何であろうか。バーの常連になりたい人や常連と呼ばれたい人には必読の話である。ちなみに、私はバーの常連になりたくもなければ、呼ばれたくもない。それが何故なのかも順序立てて説明してみるので、私のような偏屈な人にも参考になる話である。

分かっていると思うが、ここで言う『バー』は『ショットバー』『ワインバー』『日本酒バー』のことであり、綺麗なおねえちゃんがいる『ガールズバー』や、イヤラシイ行為が目的の『ハプニングバー』などの風俗系のバーの話ではない。あたりまえである。

先日、名古屋の老舗バー『ノクターン』のマスターと『バーにおける常連の定義』について論議した。その結果を私なりに整理してみると、バーの常連になるには八つの条件をクリアしなくてはならないことが結論づけられた。

①まず第一の条件は、当然の事ながら『頻繁に訪問する』ということ

毎日行けとは言わないが、月一回でもいいから定期的に訪問しなければならない。何ヶ月も何年も空いたりすれば常連とはいえない。

②初訪問から一定期間が経過していなければならない

例えば、一ヶ月前に初訪問して、毎日訪れたとしても、それは常連とは呼べないのである。その店が気に入って最初は頻繁に訪れるが、他にいい店が見つかると意図も簡単にそちらに乗り換える人がいるからである。一年間コンスタントに訪れれば常連の条件にもなるであろう。

③素性

毎日訪問するような人でも、店側がその客の素性を知っていなければ常連とはいえない。自分が何者なのかを正直に話さず素性を隠して行くのは、一見格好良いように見えるが、店側からすればいつまで経っても不審者であり常連とは呼べないのだ。

④バーテンダーが自分の好みを把握していること

席につくと何も言わないのに酒が出てくる……とまでは言わないが、例えば「今日はどうされますか？」という問いに、「ウイスキー・ロック」と応えたとする。バーテンダーが、「はい」と言って好みの酒が出てくるのが常連であり、「どのようなウイスキーがお好みですか？」などと訊かれる場合は常連ではない。または逆に、バーテンダーが『この客は毎回訊かなければいけない』と理解している常連客というのもいる。

⑤常連はカウンターの端に座る傾向

全く客がいなくても端に座る。理由は分からない。私は常連の店がないので、いつも真ん中に座り、端っこは常連の為に開けておく。そうでないと常連が入ってきた時に、オレの席がないオーラを出すからだ。

⑥独りか、せいぜい二人で行く。

私は三人でも嫌である。かしまし娘も言っている「女三人寄ったら　姦しいとは……♪」、男も三人だと間違いなく姦しい。ましてや、大勢となると悲惨だ。例えば、カウンター十席の店に五、六人で行けば店を占拠することになる。カウンターは横並びなので、三人を超えると端の人同士の会話が通らなくなる。必然的に声が大きくなってしまい、他の客に迷惑がかかるのだ。独りで来ている客には五、六人の客は、テロ行為に等しい。また店側からすれば、満席になり易く常連客を断る結果にもなってしまう。沢山で行けばその店に好かれると思ったら大きな間違いなのである。

⑦店のイベントに参加する

忘年会・新年会、クリスマス、ハロウィン、各種ワイン会・日本酒会、周年パーティーなど、臨時休業にして貸切でイベントを行う店もあるが、そのような店のイベントに招待されても私は一切参加しない（常連じゃないのでまず招待されないが）。何故かというと極度の人見知りで、初めての人と会話する場合は仕事モードスイッチを入れなければならず、酷く疲れるからである。

⑧客同士が顔を知っていて挨拶する

最後は常連の定義として最も重要である。常連同士は、独りで来ても顔見知りなら挨拶をし、時には一緒に飲んだりする。私は人に話しかけられるのが苦手なので、店の人以外と滅多に会話はしない。頻繁に行く店でも、常連の顔をなるべく見ないようにして、顔を覚えない。顔を知れば、次回から会釈しなくていけなくなるし、会話をすることにもなりかねないからである。ここが、決定的に私が常連になれない理由なのである。

ということで、貴方はどれだけ条件をクリアしただろうか。

浅草に『神谷バー』という有名な店がある。三河国松木島村（現在の愛知県西尾市一色町）出身の神谷伝兵衛が明治四十五年に開業した日本初のバーである。ブランデーをベースにジン、ワイン、キュラソーと各種薬草が配合されている『電気ブラン』というカクテルが名物で、太宰治の『人間失格』にも出てくるとか……（思い出せん）。店に入ると、まず入口で食券を買う。電気ブランと、チェイサーに生ビールが定番である。広いフロアにテーブルと椅子が所狭しと並べられている。基本的に相席であるので、空いている席に適当に座り、近くを通るウエイターに食券を渡す。追加オーダーは再び食券を買いに行く必要はなく、ウエイターに直に注文すればいい。私はそれを知らず、二回目も食券を買いに行ってしまった。

周りを見ると比較的年配の方が沢山独りで飲みに来ている。ところが、帰る時は方々の人達に挨拶をして帰るから、きっと毎日のように来ている常連なのであろう。

sake44.幻のブランデー（コニャック）

当時受験生の私は、進路を東京の大学しか考えていなかった。名古屋に残る気はサラサラ無かったのである。その理由は第一に、親から一刻も早く遠く離れて自由人になりたいという事。第二に、シティーボーイ（死語）になって女性にモテたいという事。第三に、『笑ってる場合ですよ！』をスタジオアルタで生で観たいという事であった。尚、残念ながら『笑ってる場合ですよ！』は、高校三年の十月に『笑っていいとも！』に変わってしまった。当時、タモリはまだ名古屋の宿敵であったので、『笑っていいとも！』を観る気はさらさら無かった。現在はタモリさんの大ファンである。

シティーボーイ（死語）を目指して、立教大、青山学院大、成蹊大などを受験するも敢え無く全敗する。改めて一年間自らのキャラクターを精査分析した結果、一転硬派系の明治大、法政大、日大などを受験して全て合格し、私は一浪で明治大学商学部に入学したのである。入学すると私は明大生のくせにシティーボーイ（死語）が忘れられず、軟派の巣窟であるテニスサークルに入りたいと切望したが、初めてのキャンパスで私に来る勧誘は、応援団、少林寺拳法部、合気道部、空手部、陸上部（砲丸投げ）などであった。大抵は「君、いい体してるねぇ」と胸板を擦られたり、上腕部を揉まれたりしての勧誘であった。少林寺拳法部は一日体験入部までした。私が高校時代プロレス同好会だったのがバレたのか、何故か私独りだけお手本になって殴られたり蹴られたり関節技を極められたりした挙句に、その後の飲み会で諸先輩方から「期待してるよ、まるお君、へへへ」などと、妙に心のこもった有難い勧誘のお言葉を頂戴したが、青春を無くしそうだったので入部は諦めた。結局、大学合同の野球サークルに入ったが、そこでも先輩から「まるお君は元暴走族だっけ？」とか「その目つきは怖いよ」とか言われていた。これには理由があって、当時私は金八先生の加藤優君にソックリだったのだ。そうあの「オレは腐ったミカンじゃねえ！」の名言を残したあの加藤優君である。『今だって直江喜一さん（加藤優役の人）にデブハゲ具合が似ているじゃん！』という指摘は心が痛むからやめて欲しい。

私は高校三年生の時、受験勉強に集中するために木造平屋の従業員寮の一室で寝泊まりしていた。ところが、一人の従業員がある宗教に入信していて、朝晩に大きな声でお経を読みやがる。私も曹洞宗母体の愛知高校の生徒である以上、生徒手帳に書いてある般若心経を読んで対抗しようとしたが敵わず、浪人してからは止む無く自宅近所のボロアパートに引っ越すことにしたのだった。合格してからは当然そのボロアパートを引き払ってしまったので、夏休みなどで帰省した際には、前年に新しく建て替えたアパート形式の新従業員寮の一室を使用することになった。私の部屋は大学が休みの期間だけしか使わないので、ベットと布団しかない。テレビも無ければ、テーブルさえも無い。友人が来た時のために、酒とコップが幾つか置いてあるだけだ。酒はいつも実家からくすねて来る。海外旅行の土産でウイスキーやブランデーが山程あって、誰も飲まずに眠っているからだ。友人が来ると私はレミー・マルタン、カミュ、マーテルなどのナポレオンやＸＯを実家から持ってきて、畳の上に直に置いたコップにストレートでなみなみと注ぎ、「まあ、ぐっとやってくれぃ」と言って、朝まで延々と昔話を語り合うのである。

ある日、酒の調達をしようと実家の倉庫の奥を物色していると、やたら馬鹿でかい箱に入ったブランデーが出てきた。『Hennessy Nostalgie de Bagnolet（ヘネシー・ノスタルジー・ド・バニョレ）』と箱に書いてある。開けてみると、仰々しいクリスタルのデキャンタに琥珀の液体が入っていた。寮に戻り栓を開けていつものコップで飲んでみると、甘く複雑な芳香をこれでもかと大量に放ち、ストレートなのにアルコール感を全く感じさせない滑らかな喉越しと複雑な味わいだった。学生の身分ながらこれ程美味い液体が世の中に存在するのかと驚愕した。私はあまりの美味さに、独りでこのブランデーを二日で空けてしまったのだ。もちろんストレートで。

何年か後に何気なく週刊誌を見ていたら『死ぬまでに一度は飲みたい幻のブランデー』としてこのブランデーが掲載されていた。ヘネシー・ノスタルジー・ド・バニョレは非売品で、一九八〇年代中盤頃にヘネシーを訪れた賓客しか入手出来なかったという代物らしい。なんとデキャンタはバカラ製だったようだ。今ネットで買うと箱付きで二十万円くらいはする。一体誰がこんなものをくれたのかは未だに不明である。

ところで、この寮では様々なエピソードがあったが、一つだけ紹介しておく。ある日、以前に友人と栄で、生まれて初めてナンパなるものをした時に出会った女子二人から連絡があり、事情があって二日間泊めて欲しいと言う。彼女達は看護師学校の学生で、夏休みになり寮が閉鎖になるので、帰省する翌朝まで付き合って欲しいと言うのだ。私独りで女子二人を相手にするのは少々持て余しぎみだったので、ナンパした時の友人を誘って食事などをしたあと、この従業員寮の部屋で四人雑魚寝をして夜を明かすことにした。誓って二人には手を出したりはしていない（夜中の三時頃に、ちょっとチューーしただけである）。翌朝、女子二人は私が寝ている間に勝手に共同洗面所でキャッキャと言いながら歯を磨きをし出した。タイミングの悪いことに、やはり歯を磨きに起きて来た従業員と鉢合わせになってしまい、従業員の「うおーっ！」という声で私は目が覚めて急いで駆けつけたのだが既に遅く、従業員と彼女達は仲良く洗面所で歯を磨いていたのであった。私は従業員に、頼むから親には黙っていてくれと懇願したり、反対に、告げ口したらお前のボーナスは無いと思え！などと脅したりして大変だったが、何とかこの一件は親に知られずに済んだようであった。

sake45.失恋レストラン（カルヴァドス）

私は学生時代から自称フランス料理研究家であった。井上旭氏の『シェ・イノ』、上柿元氏のいた頃の『アラン・シャペル』、ジャック・ボリー氏がいた頃の『ロオジエ』などの名店をすでに二十歳代に訪れていたが、当時未訪問の店のうちどうしても行っておきたい店があった。それは『トゥール・ダルジャン』である。トゥール・ダルジャンはパリに本店があり、世界で唯一、東京のホテルニューオータニ内に支店がある。鴨料理が有名で、自分が食べた鴨が開店以来何羽目の鴨なのか、番号が記されたカードをくれるのだ。昭和天皇（当時は皇太子）が大正十年（1921）に、パリ本店で53,211羽目の鴨を召し上がったことから、昭和五十九年（1984）開業の東京店の番号は53,212羽目から付けられている。そんな粋な計らいが日本人の心に訴えかけて泣かせる。

私は二十歳代のある時期、永年付き合っていた彼女に振られたばかりで、このトゥール・ダルジャンに同伴してくれる人がいなかった。流石の私も、フランス料理店に、ましてやグランメゾンに独りで行く勇気は持ち合わせていない。大金を払って一緒に食べに行ってくれる同じ価値観を持った男友達はいないし、それ以前に男と二人でフランス料理食うなんて絶対勘弁してもらいたいところである（相手も嫌であろう）。

　それで思い切って、当時最も片思いしていた女性がいて、彼女の誕生日が近い事に託けて、一緒に行ってくれるように頼み込んでみたのだ。『え〜私は下心は絶対ありません。断じてありません。フランス料理が食べたいだけです。あなたの身体に指一本触れたりは絶対致しません。だからお願い一緒に行ってぇ〜♪ねっ♪ねっ♪』的な雰囲気を出しつつ平身低頭お願いしたのである。

　記憶はいいように出来ていて、彼女は快諾してくれたと思う（たぶん）。私は、彼女の誕生日祝いに、その当時新製品だと花屋が教えてくれた『オレンジ色の薔薇（花言葉は私に相応しく、信頼・さわやか・愛嬌）』の花束を携えて、ホテルニューオータニに向かったのである。どこでどう彼女と待ち合わせたのか全く記憶にないが、トゥール・ダルジャンに着くとフランス人のウエイターが席に案内してくれた。極度の緊張のためか長いエントランスがさらに長く感じ、目眩でブッ倒れそうになった。

　兎に角、小僧の身分で行くのであるからかなり予算が限られている。食前酒こそ、当時流行っていた『キールロワイヤル（※1）』を舞い上がったお上りさんのように注文したが、ワインは、分厚いワインリストの極めて最初の方に書かれていた若い『ヴォルネィ（※2）』のハーフをソムリエに選んでもらう。料理はアラカルトで、前菜一品メイン一品、デザートというシンプルなオーダーにした。というか、それしかできなかった。

まず、魚がのったサラダ仕立ての料理が前菜がわりとなる。その後はもうメイン料理で、ずっと以前から食べようと決めていたこの店の名物料理『幼鴨のロースト・トゥールダルジャン』を待つ。幼鴨のロースト・トゥールダルジャンとは、鴨の血・内臓・骨髄などを使ったスパイシーでコクのあるソースで味わう伝統的な鴨料理である。カナリエという鴨専門担当がローストした鴨を捌き、ブラッセカナーという大きなハンドルの着いた銀の機械に骨などを入れて、ハンドルを回して血を絞り出し、肝のソースと合わせて作る。その光景を見ながら待つのがまた楽しい。忘れてしまったが、十六世紀だか十八世紀だかの料理らしい。これを、チマチマと大事そうに食い、『ああ、オレは伝統を食べているんだ……』と、目の前の彼女を忘却の彼方に置き去りにして、意識が遠くなる思いであった。もうすっかり、ＫＯ

寸前である。

最後にデザートを頂く時、カルヴァドスを注文すると、別室に案内された。

「五十年物と百年物がありますが、どちらがよろしいでしょうか？」

と、まるでアントニオ猪木が、倒れている相手に問答無用の顔面キックを繰り出すような事をソムリエが言ってきた。

「ひゃ、ひゃ、ひゃくねん？？いやいや、もう、そりゃ、ご、ご、五十年で結構でございます」

と応えるのが精一杯で、『金さえありゃ百年物飲んだのに！』と薄給絞り出してようやく来ている私は、猪木（ソムリエ）の蹴りをモロに受けて完全にＫＯされてしまったのであった。ちなみに、五十年物は一杯五千円、百年物は一万円だったようだ。

私は彼女と食事をした嬉しさよりも、トゥール・ダルジャンで食事をした興奮のほうが勝っていたのか、彼女とどんな会話をしたのか全く覚えていない。たぶん、ずっと恍惚とした馬鹿面でポカーンとして、ひとりで夢の世界に行ってしまっていたのであろう。当然のことながら、彼女とはそれっきりで、あっさりとフラれた挙げ句、彼女は同期入社のバカみたいな奴と結婚してしまったのだ。だから、トゥール・ダルジャンは私の中では失恋レストランなのである。というか、失恋させるレストランなのである。

先日二十七年ぶりにトゥール・ダルジャンを訪れた。二十代と違って今は酒も沢山飲めるようになったし、この歳になるといつ死ぬか分からないという思いもあり、清水の舞台からダイビングする気持ちで好きな物を食べて飲もうと決意していた。まずは思い切ってグラスでクリュグ（※3）やコルトン・シャルルマーニュ（※4）を飲み（全力でしょ！）、赤ワインは大好きな造り手イヴ・キュイルロン（※5）のコート・ロティの古酒をボトルで頂いた。料理は思い出の幼鴨のロースト・トゥールダルジャンを中心にした一番高いコース。二十七年前と変わらない味だった。が、お値段のほうは、ワインを飲み過ぎたためか、二十七年前の三倍くらいの金額を支払うことになった。

私には今回、重要な任務があった。それは、食後にカルヴァドスの百年物を飲むことであった。二十七年前にビビって飲めなかった百年物を、今の私ならＫＯされずに飲むことができる！と、そう思ったのである。これは私の二十七年間を掛けたリベンジなのである。『カモーン、イノーキ！』

まるお「すみません。カルヴァドス下さい」

ソムリエ「かしこまりました。四種類ありまして……」

まるお「あの～、私、二十七年前に来た時にカルヴァドスを注文したんです。その時、ソムリエさんが五十年物と百年物のどっちがいいかって訊かれて……」

ソムリエ「それは、随分強気なソムリエですね。ははははっ！」

（って、あなた笑ってるけど、あの時のソムリエは、あの熱田貴（※６）さんでしたけど……）

まるお「で、その時はいろんな事情で五十年物を飲んだんですが、苦節二十七年修行致しまして、本日百年物を頂きに参りました！」

ソムリエ「すみません。今こちらの１９６３年が……」

私「ええっ！百年は無いのですかぁ～！」

ソムリエ「はい」

まるお「おのれ、猪木ぃ！オレを恐れて逃げたな！」

ソムリエ「は？」
まるお「え？」

※1　クレーム・ド・カシスをシャンパンで割ったもの
※2　ブルゴーニュの村名ワイン
※3　シャンパンの銘柄
※4　フランス・ブルゴーニュ地方の特急畑の白ワイン
※5　フランス・ローヌ地方の造り手
※6　日本ソムリエ協会元会長、現名誉顧問

sake46. エーゲ海の恋（ウーゾ）

先に言っておくが、これは私の話ではない。私の友人S君の話である。私とS君は二人で一ヶ月もの間、ヨーロッパへ卒業旅行に行ったことがあるいわば朋輩なのである。

旅程は、最初ロンドンに二泊した後、バスに乗ってそのままカーフェリーでドーバー海峡を渡り、パリで二泊。鉄路でパリからフランクフルトに入り、バスを乗継いでロマンティック街道の街を数泊。寝台でミュンヘンからウィーンへ行き一泊、その後スイスへ入る。S君はグリンデルヴァルトでスキーをし、スキーができない私は、スイスからフランスへTGVで入り、ブルゴーニュとローヌをひとりグルメ旅していた。携帯電話がない時代に不安だったが、一週間後にマルセイユで再びS君との合流を成し遂げる。ニースに二泊して、モナコから寝台でローマに入り二泊する。一ヶ月間の最後はギリシャを訪れた。

長旅の疲れからか、ギリシャ観光は最初からハチャメチャであった。ホテルからパルテノン神殿に向かうのに、道順も確かめず、『あそこに見えるから』というただそれだけで、一直線に歩いて向かった。山の雑草をかき分け、道なき道を行き、崖を登り、ちぎれたフェンスを潜り、死ぬ思いでパルテノン神殿に到着した。そうしたら、すぐ横に立派な広い道があるじゃないか！あたしゃ、途中で新しい遺跡でも発見してしまうんじゃないかとヒヤヒヤしちまったよ。

次の日は早朝からエーゲ海クルーズである。エーゲ海クルーズとは、美しいエー

ゲ海の島々を大型の客船で周るという、私達にとっては充分セレブな旅である。エーゲ海といえば、どこまでも青い海、真っ白な家、そしてエーゲ海に捧ぐ……。ところが、この日は曇天で海は青かねーわ、家は言うほど白くねーわで、テンション下がり気味な上、一ヶ月間の疲れはピークに達し、私達二人は船のソファでほとんど寝ていたのである。その間、同じソファに日本人の可愛い女性が座っても、会話する気にもなれずグーグー寝ていた。

時折、船が島に止まって、「降りろ！」と言う。仕方なく下船の順番に並ぶと、先ほどソファに座っていた女の子二人組が前に並んでいた。S君が彼女達に「あのー、すいません。ここでは何をするんでしょうか？」と訊くと、彼女達は冷ややかな視線で「何って？観光に決まってます」と、キッパリ言い放ち、地球の裏側での冷たい仕打ちに呆然としたのであった。

私とS君はもう観光には充分飽きてしまっていたので、下船するやいなや港の横にあるバーに向かう。外にテーブルとイスが並べられ、真っ昼間から何人もの男たちが酒盛りをしていた。観光客は全くおらず、現地のギリシャ人だけのようである。私達が男たちの隣に座ると、すぐにウエイターが注文を訊きに来た。私は隣のギリ

シャ人の酒を指差し、『おんなじのちょー』と名古屋弁で言った。どうせ英語は通じない。出てきたのは、コップに半分入った透明のお酒と常温の水だった。コップに入ったお酒をそのまま飲もうとしたら、ギリシャ人達が驚いた様子で皆一斉に、「うおおおっ〜！」と叫びだした。「はぁ？なに？なんだよ？このまま飲むんじゃないの？」と言うと、彼等は水の入ったコップを指さし、その水を酒に入れろというという仕草をする。「ああ、水をダァーッと入れるのか？ダァーッと？」というと、彼らは大きく頷きながら「ダァーッ、ダァーッ、ダァーッ」と言った。お前ら全員猪木かよ！

透明のお酒に水を注ぎこむと不思議な事にサッと白く濁った。このお酒は『ウーゾ(Ouzo)』といい、ギリシャで造られる葡萄を原料に造られたアニス系の蒸留酒である。トルコの『ラク(Raki)』に似ている。水を入れると白濁する理由は、水分で薄まることにより非水溶成分が析出してしまうためで、ウーゾの場合は『テルペン』という油分が白く見えるらしい。

S君はアニス系が苦手だったのでビールか何か飲んでいたが、私はすっかりこのウーゾが気に入ってしまい、隣のギリシャ人達とも仲良くなってしまった。で、タ

コの足を揚げたものだとか、色々ツマミをくれてワイワイ楽しい時間を過ごしたのであった。

夕方ホテルに帰るとS君が、「今日エーゲ海クルーズで会った女の子達と食事に行きたい」と言う。

まるお「はぁ？あの子達とまともに話もしてないし、ましてや今どこにいるかもわからんじゃん。あんた何なの？バカなの？」

S君「まるおが寝てる間に話ししてたんだよ。で、二軒隣のホテルにいるんだって」

まるお「あんた、でかしたわ〜、なんで先にそれ言わんの〜」

ということで、早速二軒隣のホテルに出向いて、ホテルの電話番号が書いてあるカードをゲットする。なぜかわざわざ自分達のホテルに戻って、早速電話してみると、何と驚くことに彼女達からOKの返事をもらってしまった。で、四人で仲良くギリシャワインなんぞを飲みながらムサカなどのギリシャ料理を堪能した。彼女達は上智大学の帰国子女であった。

帰国後、S君が「彼女達とまた会いたい。写真も渡したいし……」と言い出した。

まるお「あほ！住所も電話番号も訊いてへんのに、どうやって会うの？東京がどん

だけ広いか、知っとるケ？（その頃流行ってたんで……）」

S君「◯◯ちゃんの住所も電話番号も知っている」

まるお「◯◯ちゃん？ちゃん？ちゃんって、あんた、いつから……」

その後S君と◯◯ちゃんは目出度く付き合うことになったのである。私が、揚げたタコの足食いながら、猪木達とウーゾ飲んでる間に、S君はしっかりと彼女をゲットしていたということなのである。

エーゲ海で、私はウーゾに恋をし、S君は○○ちゃんに恋をした。つーことか？え？

sake47.門あさ美恋酒論（カルヴァドス、カクテル）

『門あさ美』は、一九八〇年代の名古屋出身のポップスシンガーである。ヤマハのポプコン出身ではあるが本選には出場していない。テレビなどメディアには殆ど出演しておらず、唯一東海ラジオで『あさ美のファンシーナイト』という番組を持ってはいたが、完全に原稿棒読みであり、彼女のナマの人柄を知ることは全く不可能であった。彼女はコンサートやライブもしないので、一般人が実物を見る機会は皆無で、後から『何十年前に名古屋の何処其処で見た……』などという遅きに失した怪情報が出てくるような、完全に秘密のベールに包まれた存在なのである。彼女は曲の殆どを作詞作曲していて、洗練されたポップな曲調にプチエロティックな詞が絡み、何より二十四、五歳とは思えないアダルトな美貌とアンニュイな歌声は、中高生のまるおには鼻血がちろっと出てしまう程のインパクトを与えていたのである。彼女の魅力に取り憑かれてしまった私は、アルバム発売当日に即購入して、レコードが傷まないようにカセットテープへ録音し、テープがびよーんと伸びちゃうまで毎日聴いていたのである。彼女は、アルバムを発売すれば毎回オリコン即一位というアーティストであったのだが、一九八八年のアルバム『La Fleur Bleue』を最後に完全に姿を消してしまう。以来ずっと、正直私は今でも『あさ美を愛している』のである。あぁ呼び捨てしちゃったぁ～♪

アルバム『BELLADONNA』の中に『50's と 80's』(門あさ美作詞・作曲／編曲白井良明)という曲がある。歌詞の中に『映画のようにカルヴァドス　一杯で芽生えるなら』というフレーズがあるのだが、これはイングリッド・バーグマン主演の映画『凱旋門』の中に出てくるシーンを指す。この凱旋門は、第二次世界大戦直前にナチスの強制収容所を脱走してパリに不法入国した外科医ラヴィック（シャルル・ボワイエ）が、セーヌ川に身を投げようとした女優ジョアン（イングリッド・バーグマン）を救うところから始まる。心を落ち着かせ、雨に濡れた身体を温めようと、場末のビストロで飲ませた酒がこのカルヴァドスであり、それを期に二人は激しい恋に落ちる。カルヴァドスというのは元々は安酒であり、映画の中で高級レストランには無く、初めて出会ったビストロにわざわざ行って飲むというシーンも印象的だ。一緒にカルヴァドスを飲んでくれる女性がいたら、映画を思い出して、ちょっと胸がキュンとなるかもしれない。きっと、相手も私のことがシャルル・ボワイエに見えるだろう。えっ？

門あさ美の3rdアルバム『セミヌード』の中に『Blue Moon』（門あさ美作詞・作曲／編曲松任谷正隆）という曲がある。『ブルームーン』とは、青く見える月だとか、ひと月に満月が二回ある事などをいうが、この曲のブルームーンとは、月のことでは無くて青いバラの品種の事である。嘗て、元々バラには青い色素がないため、品種改良で青いバラを作ることは不可能と言われていた。その為、ブルームーンの当初の花言葉は『不可能』『有り得ない』であったが、その後、青いバラの開発が進んだことから、『奇跡』『神の祝福』などが付け加えられた。二〇〇九年にサントリーがパンジーからの遺伝子組み換えで青いバラを開発し、『Applause（アプローズ）』と名付けた。アプローズとは喝采という意味で、花言葉は『夢かなう』という。

ブルームーンというジンベースのカクテルがある。このカクテルの解釈を『青い月』とするのが定番のようであるが、私は『青いバラ』のことであると思っている。花言葉のようにカクテル言葉というのがある。このブルームーンには『完全なる愛』のほかに、『叶わぬ恋』『出来ない相談』という真逆の言葉がある。『完全なる愛』は、このカクテルの材料に使われているバイオレットリキュールの商品名が『パルフェタムール（完全なる愛）』であることから由来している。しかし、『叶わぬ恋』と『出来ない相談』は、『青いバラ』が嘗て開発不可能で、『作りたくても叶わない』『作りたくても出来ない』というのが由来なのではないだろうか。だから、このブルームーンというカクテルは、しつこい男の誘いを断る時に、女性が注文するカクテルとなっている。『あなたと付き合うなんて到底出来ない相談ですから、とっとと帰りやがれ！ボケッ！』ということなのである。

『♪燃え尽きるまで愛さないで　消えてく時が怖い　好きよブルームーン　紅いバラより　静かに愛し続けて♪』

しかし、そうすると、門あさ美の『Blue Moon』の情熱的な歌詞とは意味が合わなくなってくる。実は、私は何年か前にこの青いバラ『ブルームーン』の花言葉をネットで調べてみたが、その時は『不可能』『有り得ない』というような花言葉は出てこなくて、『秘めた激しい愛』や『静かな情熱的な愛』というような花言葉だったと記憶している。しかし、何故か今いくら検索してもそんな言葉は出てこない。いつからか花言葉が変わってしまったのだろうか、それとも門あさ美に陶酔し過ぎた私のエロティシズムが脳内に充満していて、そう記憶させていたのだろうか。誠に謎である。

sake48.まるお不覚にも記憶をなくす（バーボン）

今まで私は二回記憶を失くしている。一回目は高校二年生の時。夜八時頃、気が付いた時には自宅兼店舗の自転車置き場で倒れていた。家業の寿司屋の従業員に声をかけられて気が付き、手で鼻の下を拭うと鼻血が出ていた。夕方、塾に出かけたことだけは思い出したが、その後の記憶が全くない。意識を取り戻した後もたった今の事を即忘れるという記憶障害になっていた。次から次へと、どんどん記憶が消去されていく感じだ。頭が重苦しかったが、ようやく起き上がり自宅に入ると、家族が皆口々に「殴られたのか?」と言う。鏡を見ると目の周りが酷く痣になっていた。記憶が無い旨を必死で訴えても、どうせ喧嘩して殴られたのを恥じて、記憶が無いなどと嘘を言っているのであろうと、両親は全く取り合ってくれない。日頃いい加減で嘘付きな人間はこういう時に初めて自分が信頼されてない事に気が付く。記憶を取り戻そうと、すぐに塾の先生に電話をかけ、自分が塾に行ったかどうか訊いて不審がられたが、普通に勉強して定時に帰ったとだけ教えてくれた。

翌朝、顔の痣は益々酷くなっているものの、今あった事をすぐに忘れるという記憶障害だけは正常に戻っていたので、自転車で学校に向かう。案の定、校門で生活指導の先生に捕まった。

先生「おっ、まるお、どうした?お前殴られたのか?」

まるお「いえ、記憶が無いんです」
先生「殴られたのを隠さんでもいいぞ。誰に殴られた？」
まるお「いえ、だから、隠すも何も、記憶が無いんですってばっ！！」
と、昨日の両親の態度を思い出して、ちょっとキレ気味に応えたら、びっくりして門を通してくれた。教室に入ればまた殴られたのかと言われるであろうと思っていたが、学友の反応は全く違うものであった。
M君「まるお、その痣、どうした！」
まるお「昨日、塾の帰りに記憶を失くして、気づいたらこんなんになってたんだよ」
M君「なにっ！それは……お前UFOに拐われたに違いないぞ。UFOの中はどんな風だ？宇宙人と会ったか？」
まるお「だから、記憶が無いんだって！おまえ、ムー（雑誌）の読みすぎだぞ！」
M君「絶対どこかにチップを埋められたはずだから……」
と、体中を触りまくられるし、「おーい、まるおが宇宙人に誘拐されたぞ〜！」
と廊下を走り、他のクラスに叫んで知らせるアホが出てきて困った。お前は前世が瓦版屋かっ！その後、職員室に呼ばれた時にはもう仕方ないから、先生に「どうやら宇宙人に拐われたらしいです」と言っておいた。

結局両親は、私が記憶を失った旨を訴え続けて、漸く一ヶ月後に脳波検査を受けさせてくれた。看護師さんが「眠ってもいいですよ」と言ってくれたが、あまりに美人な看護師さんで、あんな事やこんな事を想像してしまい、目は瞑っていたものの、興奮して眠れなかった。終わった後、「眠れませんでしたね♪」と言われた時は、心臓が飛び出るくらい驚いた。ひょっとして、看護師さんとのエッチな妄想も脳波に出たのでは？と、多感なまるお少年は酷く心配したのであった。結局この記憶喪失は、塾の帰りに自転車同士でぶつかって倒れたという事までは何となく思い出した。しかし、今もこの話をすると後頭部がボーッとする。まだチップが埋まっているのだろうか……

私は一九九六年以降は純粋にお酒を楽しむバーにしか行っていないのだが、それ以前は女性のいるお店に頻繁に行ってては羽目をはずしていた。記憶を失くした二回目は、いわゆる『九六前』と称している暗黒の時代で、現場は池田公園のスナックである。ある日、そのスナックのオネエチャンと、いつものように坂上二郎の踊りをしながら楽しく野球拳をして、パンツ脱いだり脱がせたりしたあと、なぜか酒に目薬を入れると記憶を失くすらしいという話になった。じゃあやってみようという事になり、私はオネエチャンの水割りに目薬を入れて、「さあ呑め、さあ呑め！」と言っていたのが午前一時頃のことである。暫くしてふと腕時計を見るともう午前三時になっている。あっという間に二時間も経っているのだ。その間は眠っていた訳ではない、ちゃんと起きていたのに記憶が無いのである。もしやと思い、「まさか水割りをすり替えた？」と訊くと、やはり「すり替えた」という。目薬入りの水割りは私が飲んでいたのだった。いつ迄の事か知らないが、かつて目薬にはロートエキスというものが入っていて、眠気を誘う物質が含まれていたという。しかしながら、眠らずに記憶を失うという類の物質ではなかったようだ。私は午前二時を過ぎると「チューーして♪チューーして♪」という癖があるが、この二時間の間もちゃんと起きていてそう言っていたらしいから、眠っていないのは間違いない。また、呑んでいたウイスキーが曲者だったかもしれない。そのウイスキーとは『ブッカーズ』である。香りが豊かで、強いバニラ香のほか、フルーツ香、キャラメル香などが複雑に入り混じった素晴らしいバーボンウイスキーである。クラフトバーボンとも呼ばれる少量生産品である。アルコール度数が６３度もあり、酒呑みが呑むウイスキーとして有名で、目薬を入れられなくてもウイスキーを足されただけで記憶を失いかねない。
私のように自滅するならばまだいいのだが、あるバーでのこと、男性客が同伴の女性がトイレに行っている隙に、ウイスキーに粉薬を入れるのを目撃したことがある。バーテンダーにその旨を告げると、毎度の事だという。聞けば男性は医者で、初めてデートする女性には内緒で睡眠薬を酒に入れるらしい。女性は時々飲物をすり替えるとかして気を付けたほうがいいかもね。

sake49.ヘビーバレンタイン（バニュルス）

バレンタインデーが近づくと有名なチョコレート屋さんには女性で長蛇の列ができる。この列の中に『バレンタインデーというのは、一体何の日？』という質問に正答できる人が果たして何人いるのだろうか。ウィキペディアによると『バレンタインデーは、二月十四日に祝われ、世界各地で男女の愛の誓いの日とされる。もともと、二六九年にローマ皇帝の迫害下で殉教した聖ウァレンティヌスに由来する記念日だと、主に西方教会の広がる地域において伝えられていた』とあるように、ウィキペディアも実は何の日だかよく知らんのではないのだろうか思う。とにかく由来は分からんが、『世界各地で男女が愛を誓う日』というのは間違いないようだ。誠にイヤらしい日である。女性が男性に愛の告白としてチョコをあげるのは日本独自の風習のようだが、その起源は諸説あるらしい。私は学生時代、モロゾフでアルバイトしていたが、その時「バレンタインデーはモロゾフが発祥だと言え！」と指導されたが、隣のメリーチョコレートのオバチャンは「メリーが発祥です！」と牙をむき出して叫んでいた。一体どっちなんだよ！と困惑したものだ。

　小・中学生時代、私が九年間を通して貰ったチョコの数は０であり（９イニング０点）、高校時代は男子校ということもあり、やはり０であった（延長３イニング０点）。『まるお君……、わたし……、あなたのことがずっと好きだったの……むぎゅ（抱きつかれた音）』などという夢の様な告白を、毎年毎年アホのように思い描いていたが、残念ながら淡く儚く私の思春期はノーヒットノーランで終了した。毎年、同類の友達と『てやんでぇ～、チョコがなんでぇ！男がチョコなんか食えるかっ！』と、江戸っ子のように親指の付け根で鼻水を抑えて、皆で泣きながらグラウンドを走ったのを憶えている。それが我々のバレンタインデー甲子園なのだっ！（いばるな！）

と言いながらも、実のところ私はあまりチョコは食べないのである。小さい頃からお菓子自体をあまり食べない。小学生の頃遠足で、おやつ三百円までと言われて、一応駄菓子屋で三百円分買って持って行くが、それは『グリコがっちり買いましょウ』的に三百円に収まるように買うのが面白かっただけで、遠足に持っては行くものの、大抵は食べずにそのまま持って帰ってきていた。飲食店をやっていた頃は、パートのオバチャンが義理チョコをくれたりしたが、私は食べないので、必然的に妻と子供たちが食べることとなる。二、三日経つと、思春期の子供たちにはニキビが、そして妻の顔には吹出物が目立ち始め、『あなたがチョコを持って帰ってくるからっ！』と顔中に緑の薬を塗りつけながら毒の霧を吹き出すのが常なのである（ケンドーナガサキか！）。散々旨い旨いと言って食ってたくせに！と思うが、緑だらけの顔が怖いので、最近は事前に『チョコのお気遣いは結構です』とお断りをしていた。本当を言うと、オバチャンから貰っても全然嬉しくないし、一ヶ月後のホワイトデーにお返しをしなきゃならんというしきたりがイヤだったのである。実際は馬鹿だから一ヶ月も経つと誰から貰ったのか忘れてしまって、あたふたしたあげく、まあいいかと何もしないのだが。

　実は例外的にチョコレートを食べることもある。フランス料理のコースには、最後の最後にチョコレートが出てくる。私はこの時のチョコレートは断らない（断れない）。なぜならば酒が飲みたいからなのである。最後の最後まで飲みたいからなのである。チョコレートといえば、やはり黄金の取り合わせであるフランスのバニュルスが最高である。バニュルスは、南フランスのスペイン国境近くにあるルーションヨン地方で造られる。糖度が増した干し葡萄を醸造し、発酵途中にアルコールを添加して発酵を中断させて甘みを出す酒精強化ワインで、濃厚な甘さが特徴の極甘口ワインである。チョコレートには、バニュルスと同じ酒精強化ワインであるポートやマルサラなどもそそられる。また、カルヴァドス、アルマニャック、コニャックなどの蒸留酒も捨てがたい。意外なのが、シャンパーニュとの相性も素晴らしいのだ。コース料理が終わったのに、もう一度チョコレートでシャンパーニュを飲むというのもセレブ的お洒落であるように思うが、店側からしたら『おいおい、また最初からやるのかよ……この酒呑み野郎！』と思われているだけであろう。うん、君の事だよ。

ところで、全くモテなかった私も、ようやく大学になって初めてお付き合いした女性からバレンタインデーにチョコレートを頂くことになる。しかしながら、夢であったチョコで告白されるということは無かった。ところが就職して、ある女性から大きな包み紙をいただいた。大きさだけでもかなりビビったが、中には何と……チョコレートとパジャマが入っていたのだ。えええっ！これって！これって！

『これを着て私と夜を過ごしてぇ～ん？』って、そういう意味だよね？だよね？

イッツ、ヘビーバレンタイン！

その後のことは、ひ・み・つ。

sake50.初恋とコニャック

大学二年生になる前の春休み、私は小学校六年時のクラス会のために、名古屋に帰省していた。クラス会当日は、栄地下街の日産ギャラリー前（今はない）での集合であった。参加者のほとんどが中学校も同じであったので、長くても四年ぶりに再会した程度で、皆の顔はそうそう変わっているわけではなかった。ところが、少し遅れてやってきた一人の女の子に、私の視線は釘付けになってしまった。その子が誰だか全く分からなかったのだ。『こんなに可愛い子、このクラスにいたっけ？？』彼女はＡちゃんといい、小学生の頃は三つ編みにメガネをしていて、背は高いが大人しくて目立たない子であった。それが、その時はメガネをかけていない、セミロングの髪は清楚なお嬢様風で、何より笑顔が死ぬほど可愛い女の子になっていたのである。で、私の心臓は矢で撃ち抜かれるどころか、バズーカ砲で木っ端微塵と化してしまったのである。

一次会では女性に囲まれて座ることになった。私は名古屋から東京に出てきた一年間で、随分シティーボーイ(死語)になっていて、当時流行っていたアイビーやＤＣブランドで上から下まで固めていたので、女の子から「まるお君って、東京の匂いがするわん？」と、全くどうでもいい女子から熱視線を受けていた。『東京では全然モテてない私でも、名古屋なら通用するんだ！！うおっほい！』と思ったが、よく考えりゃ一年前まで名古屋でも通用していなかったことに全く気づいていないまるお青年だった。『東京がえり』というのは、誠に偉大である。

二次会では運良くAちゃんの隣に座ることが出来た。小学生の頃、私が彼女の下敷きにイタズラ書きをしたことがあると彼女は言う。そのイタズラ書きとは、Aちゃんがビルから飛び降りて死ぬという洒落にならない漫画を描いたものであった。まったく当時から幼稚なマヌケ男である。私は心のなかで『俺のバカバカバカ』と悔み、平謝りに謝ったが、なんと彼女はその下敷きを今でもそのままの状態で持っていると言い出した。「ん？まさか、あの頃から俺のことが好きだったんか？そうなんだろ？だったら何故あの時告白してくれなかったんだ！？」と訊くと、その時に好きだったのはイケメンでスポーツ万能なN君で、まるおなんかではないとキッパリ言われ、下敷きを持っていたのは、単に恨みだけだと言った。

結局、一緒にテニスをやろうとデートの約束も取り付けて、私は天にも昇る気持ちになり、それからの毎日、駐車場でAちゃんのコスチューム姿を想像しながら素振り練習に励んだ（ヘンタイ）。そしてテニスの初デートをつつがなく済ませた後は、毎日のように彼女に会いたくなってしまい、春休みがとっくに過ぎてしまって二年生の授業が始まる直前まで逢瀬を重ねていたのである。東京に帰る日が近づくと、彼女は毎日のように「離れるのが嫌だ」と泣いてくれた。私のために泣いてくれる人がいるなんて……（鈴虫か猛犬くらい）、と感動してしまった私は自分勝手に彼女との永遠の愛を誓うのであった。東京に戻る当日、新幹線のホームまで涙のお見送りをしてもらう。心の中では当然ユーミンの『シンデレラ・エクスプレス』が流れていた（懐かしいね）。「しんでれらぁ〜、いまぁ〜」もうえぇて。

それから三年程お付き合いすることとなったが、その間頻繁に行っていたフランス料理のお店が名古屋にあって、その店で食後に飲むブランデー『レイモン・ラニョー』が私はお気に入りであった。レイモン・ラニョーは、プロプリエテール（シングルコニャック）といい、栽培、蒸溜、熟成、瓶詰を全て自社で行うという、手作り感満載のコニャックなのである。ニコラス・フェイスが、著書『コニャック（※1）』の中で、『強さと繊細さの両極を見事に調和させた、私の味覚にとって最高にバランスのよいコニャック』と言わしめた逸品なのである。

就職を前に彼女にフラレてしまったが、私はこのレイモン・ラニョーを今も時々呑んでいる。『透明感がありシャープ（聡明）で、表情豊かで可愛らしい』まさにAちゃんのようなレイモン・ラニョーは、私の胸を強く締め付け、もう二度と戻ることのない想い出へと運んでくれる。今はどこに住んでいるのかも知らないけれど、お互いの人生がこれからも幸せであることを切に祈っている。

※1　コニャックの聖書と言われている

sake51.涙のジャック・ダニエル（ウイスキー）

前述した『初恋とコニャック』で目出度く彼女が出来たと書いたばかりなのに、もう別れの話を書くことになってしまった。一応、三年付き合っていたのであり、その間のエピソードもあるのだが、それはまた別の機会に書くことにする。まあ、要するに順番が滅茶苦茶な『スターウォーズ』みたいなもんだと思ってくれればいいから。

さて、私が大学四年生となり、就職活動をするにあたって、彼女は私に名古屋へ帰ってきて欲しいと願った。しかし、『東京で就職したほうが自分の為になる。女より仕事だ！』などと、珍しく男気をみせた私だったが、彼女の表情はとても悲しそうだった。その頃から亀裂が入り出す。さらに、私も彼女との恋愛に慣れてきて、何処か冷たく接していたのかもしれない。で、卒業する頃、とうとう彼女から逆三行半を突き付けられる事となる。私は『お願いだから捨てないで！優しくするから！』と、みっともなく涙と鼻水を出しながら泣き喚いて懇願したが、残念ながら彼女には既に新しく優しい彼氏がいる様子で、呆気無く敗者復活戦はコールドゲームとなった。私は涙を呑み、鼻水を呑んで諦めることとなった。男はそんな時、女性よりも酷くショックを受けるらしく、私はそれから飯が喉を通らず、来る日も来る日もジャック・ダニエル（グリーン）を飯が代わりに、ストレートで煽るようになった。

ジャック・ダニエルというのは、アメリカのテネシー州で造られるウイスキーである。製造方法からいえば、まるっきりバーボンのカテゴリーに入るが、自らのスローガンは『スコッチでもない。バーボンでもない。ジャック・ダニエル』と言っている。んじゃあ、バーボンと違う製法で作れよ！と言いたいが、野暮である。ジャック・ダニエルは、スタンダードなものが五年熟成の『ブラック（黒ラベル）』であり、コンビニなどで良く見かけるのはこのタイプである。私が飲んでいたのはブラックより熟成期間が短い『グリーン（緑ラベル）』で、当時はブラックより少し安かった。貧乏人の私はこのグリーンを頻繁に買って飲んでいたのだ。ちなみに、ウィキペディアによると、このグリーンは現在、特定の場所でお土産として売られている限定品なんだそうだ。ネットでたまに見かけるが、熟成が短いくせに何故かブラックより高い。

就職してから新入社員研修が始まったが、やはり殆ど食事をせずに、毎日ジャック・ダニエルを煽っていた。体重は既に五十キロ台まで落ちていた。ある日、会社の健康診断が歌舞伎座裏の木挽町医院であった。採血後暫くして冷や汗と共に目の前が銀世界になり、階段上で意識を失って、周りの人に支えられながら崩れ落ちた。幸い病院内なので、即座に看護師さんの世話になり病院のベットで処置される。そしてその数日後、今度は京橋消防署での消防救急研修の講義中に、またもや突如目の前が銀世界になり、その後真っ暗になって堪らずに机の上へ突っ伏した。意識が遠のく中、「おい！こらっ！まるお！寝るな！」と叫ぶ人事課長の無慈悲な声と、その場にいた救急隊員の「●※□#▲！！くぁwせdrftgyふじこ……」という緊迫した声が急激に遠ざかる中、気が付くと担架に載せられて消防署の階段を沢山の署員に担いがれて降りていた。で、現場到着時間0秒の世界最速で救急車に載せられて、ピーポーピーポーと、またもや木挽町医院に搬送されてしまったのである。木挽町医院さん、ごめんなさい。その後も、電車内で意識を失いそうになったことが何度もある。実はその癖が今も抜けず時折銀世界になりそうになるが、幸いな事にその後意識を失ったことは一度も無い。

三十年くらい前だろうか、ジャック・ダニエルのCMにこんなフレーズがあった。

『妻よりも、恋人よりも、ジャック・ダニエル。……ごめんなさい』これは、妻や恋人よりジャック・ダニエルを愛してるっていう意味なんだろうか？私は今も、時々あの頃を思い出してジャック・ダニエルを飲む。

『恋人よ、あの時優しく出来なくて、ごめんなさい……』

『妻よ、優しくしてくれないのは、私に原因があるのでしょうか？ごめんなさい……』

あとがき

sake52 酒呑みの心を育てる

私は現在、東海と北陸で、十箇所以上の講座を開いている。日本酒、ワイン、焼酎講座などお酒関連の講座をはじめ、時にはお塩の講座や温泉講座なんていうのもやっている。早いもので気がつけば約二十年もの間、だらだらと講師を続けている。受講者の中には開講当初から参加されている方がかなり大勢おり、本当に有難いことだと感謝しているが、その一方、いったい私の講座の何が楽しいのかと、誠に不思議に思う次第である。受講者の年齢層は三十代から七十代までと幅広く、私がイケメンすぎるせいか、近年は特に女性の参加者がとても多くなっている。ただし、六十歳以上のマダムが圧倒的に多いが……。

十数講座もあると、講座の内容は各施設により様々ではあるが、中でも特徴的なのは「日本酒と伝統文化」についての講座である。私が長唄の名取であることから、歌舞伎を中心に文楽や落語などに出てくる酒豪の話を映像を交えながら解説したり、時代劇に出てくる酒のシーンを実際の歴史と比較や、江戸時代の食文化と酒の再現などを行っている。日本酒を通して様々な日本の文化を知ることにより、日本酒がさらに美味しくなり、そして日本の良さを再認識していただけたらいいなと思っている。また、今新しく取り組んでいるものは、「日本酒と温泉文化」である。温泉は世界中にあるが、「温泉文化」と呼べるものは日本にしかない。温泉は日本各地にあり、温泉旅館の食事にはその地方独特の食文化が反映されていて、そして何よりその地方の美味しい日本酒と出会える。また、温泉愛好家の中で絶滅が危惧されている「温泉芸妓」と「混浴温泉」のお色気系に関しては思わず力が入って仕方ないのだ。講座では、温泉地を通じて郷土料理と地酒の紹介や、骨酒など地方独特の呑み方などを実際に試してみたりしている。また、年に三回ほど、日帰りや一泊で酒蔵見学や酒造り体験と温泉のツアーをセットにした企画も行っているのだ。

私の講座の中には、基礎講座、きき酒講座、相性研究講座など、一見ちょっと堅苦しそうに見えるものもあるが、実はどれも楽しくお酒が呑めるような講座ばかりである。基礎講座は私の洗練された？トークで笑いが絶えないし、きき酒講座や相性研究講座はグループごとにワイワイガヤガヤとゲーム感覚で楽しめる講座になっている。私の講座は常に、「お酒がもっと好きになる！」を前提としていて、講座には必ずおつまみを用意し（受講生の持ち込みもＯＫ）、「講義中のおしゃべりは自由にして下さい」と言ってある。酒は黙って飲むより、おつまみを食べながら仲間と楽しく味わったほうが美味しいし、また酒の感想を言い合ったほうが香味の表現力にもなるからである。そして、会話をすることで、知らない人達同士が仲良くなり、コミュニティが出来、新しい酒仲間が増えていく。酒とは本来そういう役割を果たすべき媒介であり、酒の香味の細かい点をあげつらったり、しかめっ面をして分析するのは、我々のような職業人だけでいいのではないだろうかと思う。であるから、講座では酒に関する一通りの説明を一応はするが、マニアックな人を育てるような講座はしないように気をつけている。現在、若干の日本酒ブームと言われているが、醸造についてのマニアックな部分が多く、それを一般に広めてしまうことにより、ついて行けない人が多く存在するようになり、日本酒離れに繋がってしまうことが私にとって一番怖いのである。メーカーは自社の酒を売り出すために各々の技術を駆使するのは当然のことであるが、一般消費者がその技術を「酒を選択するための道具」にして欲しくないのである。細かい情報に囚われるのではなく、どんなお酒でも美味しく楽しく呑める「酒呑みの心」を育てたいというのが私の一番の気持ちなのである。

私に文章を書く楽しさを教えてくれた
愛知高等学校教諭、故陶山璋八先生にこの本を捧ぐ

【著者】

まるお（丸尾 賢市）

オフィス マルオ 代表
飲食店コンサルタント、酒蔵ブランディングプロデューサー
日本酒、ワイン、焼酎、温泉、塩、ビジネス講座 講師

平成12年　名古屋女子文化短期大学 非常勤講師
平成13年　愛知大学 非常勤講師
平成24年　中日文化センター 講師
平成28年　カルチャーセンター、カルチャーアカデミー岐阜新聞岐阜放送 講師
平成29年　朝日カルチャーセンター、イオンカルチャー、暮らしの学校 講師
平成30年　日本経済新聞社セミナー、JEUGIA カルチャー、名鉄カルチャースクール 講師
令和元年　北日本新聞カルチャー教室 講師

---

http://office-maruo.jp

名誉唎酒師のばかやろう！

2019 年 6 月 15 日　初版発行

著　者　　まるお
定　価　　本体価格 2,000 円＋税
発行所　　株式会社　三恵社
　　　　　〒462-0056 愛知県名古屋市北区中丸町 2-24-1
　　　　　TEL 052-915-5211　FAX 052-915-5019
　　　　　URL http://www.sankeisha.com

ISBN 978-4-86693-077-0 C0095 ¥2000E